现代工程制图习题集

林小夏　荆建军　主　编
郭建文　郑东海　曹晓畅　副主编

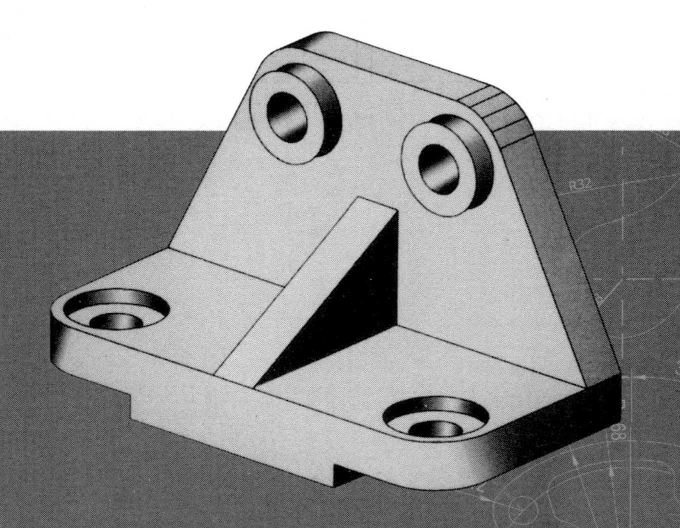

XIANDAI
GONGCHENG ZHITU
XITIJI

清華大學出版社
北　京

内 容 简 介

本习题集与林小夏等主编的《现代工程制图》教材配套使用，主要内容包括：制图的基本知识，投影理论基础，集合体，工程图尺寸标注，图样画法，以及零件图、装配图简介。

本书适合高等工科院校电子信息、计算机、电气工程、化工、工程管理及应用理科类各专业学生使用，也可供职工业余、函授等高等工科教育同类专业学生使用。

图书在版编目（CIP）数据

现代工程制图习题集 / 林小夏，荆建军主编. 一北京：清华大学出版社，2023.8
ISBN 978-7-302-63409-6

Ⅰ. ①现… Ⅱ. ①林… ②荆… Ⅲ. ①工程制图－高等学校－习题集 Ⅳ. ①TB23-44

中国国家版本馆CIP数据核字（2023）第069262号

责任编辑：贾旭龙
封面设计：刘 超
版式设计：文森时代
责任校对：马军令
责任印制：刘海龙

出版发行：清华大学出版社
网　　址：http://www.tup.com.cn，http://www.wqbook.com
地　　址：北京清华大学学研大厦A座　　**邮　　编**：100084
社 总 机：010-83470000　　**邮　　购**：010-62786544
投稿与读者服务：010-62776969，c-service@tup.tsinghua.edu.cn
质 量 反 馈：010-62772015，zhiliang@tup.tsinghua.edu.cn
印 装 者：天津安泰印刷有限公司
经　　销：全国新华书店
开　　本：260mm×185mm　　**印　　张**：6.75　　**字　　数**：108千字
版　　次：2023年9月第1版　　**印　　次**：2023年9月第1次印刷
定　　价：39.80元

产品编号：100134-01

前　言

本习题集与林小夏等主编的《现代工程制图》教材配套使用，既适合高等工科院校电子信息、计算机、电气工程、化工、工程管理及应用理科类各专业学生使用，也可供职工业余、函授等高等工科教育同类专业学生使用。

本习题集是在早期校本教材《现代工程制图习题集》的基础上，通过总结经验并合理修改，修订而成。

本习题集的编写特点如下：

（1）习题的选编注重以培养学生的空间思维能力为核心，以提高学生的计算机绘图、仪器绘图和徒手绘图能力为基础，并将其贯穿于工程制图教学的全过程。

（2）把传统的线、面投影及分析贯穿于立体投影及分析之中，进一步提高学生分析三维空间几何问题的能力。

（3）以计算机辅助三维造型设计为纽带，使集合体的形体构成及分析既形象化又逻辑化。

（4）图样中的尺寸标注内容相对集中，便于学时较少的院校及专业的学生全面掌握。

（5）为便于组织教学，本习题集的编排顺序与配套教材一致。

参与习题集编写工作的有林小夏、荆建军、郭建文、郑东海、曹晓畅。林小夏负责全部习题的整理工作。

在习题集的编写与修订过程中，得到了原《现代工程制图习题集》所有编者的帮助和支持，也得到全国图学界许多老师的帮助和支持，在此一并表示感谢。本习题集参考了国内部分同类习题集，在此特向有关作者致谢！

由于编者水平所限，习题集中难免存在不足甚至错误之处，恳请读者批评指正。

编　者

2023年8月

目 录

第1章　制图的基本知识

1-1　字体练习。

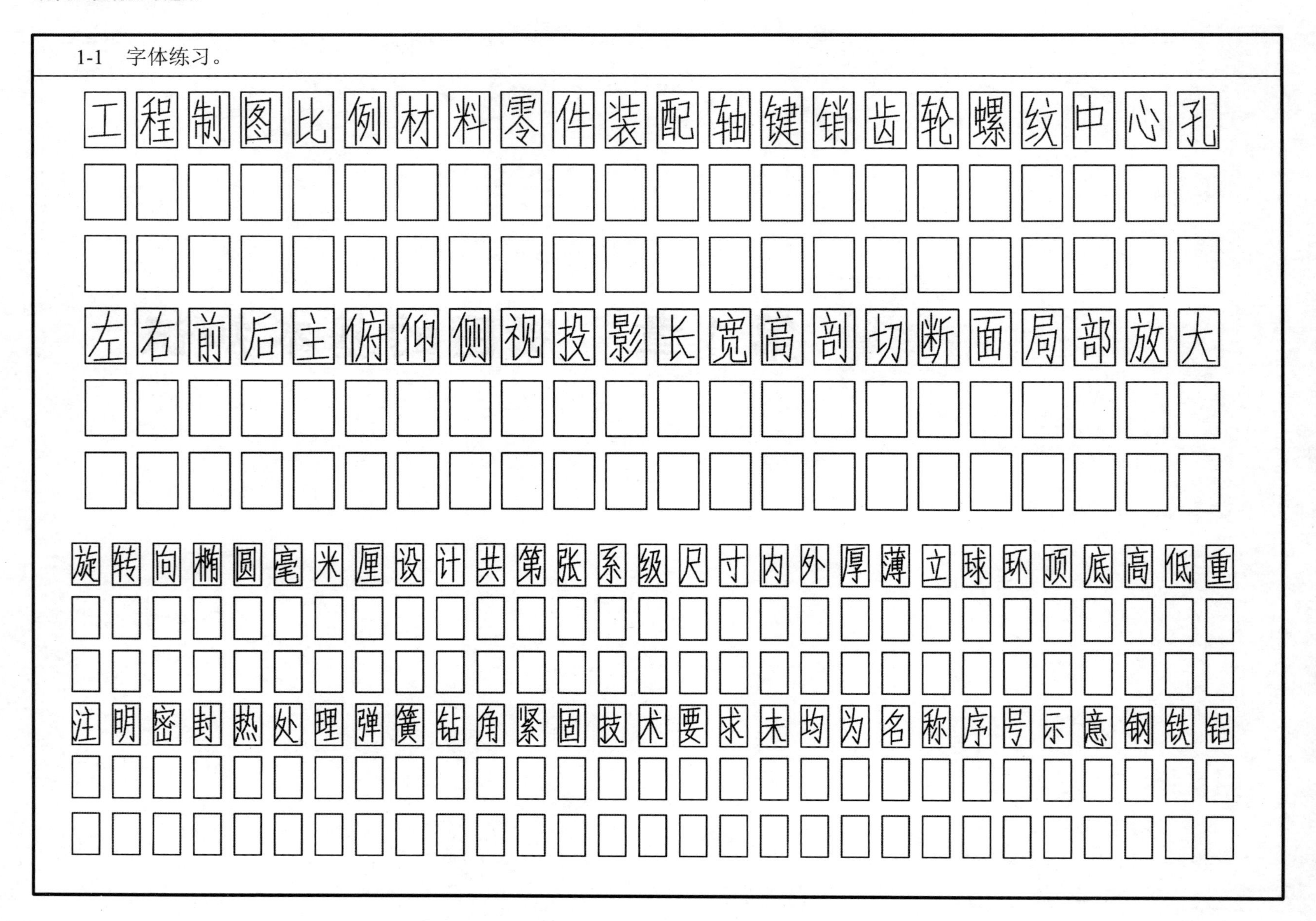

　　班级　　姓名　　学号

1-2　在指定位置画出对应的图线。

（1）

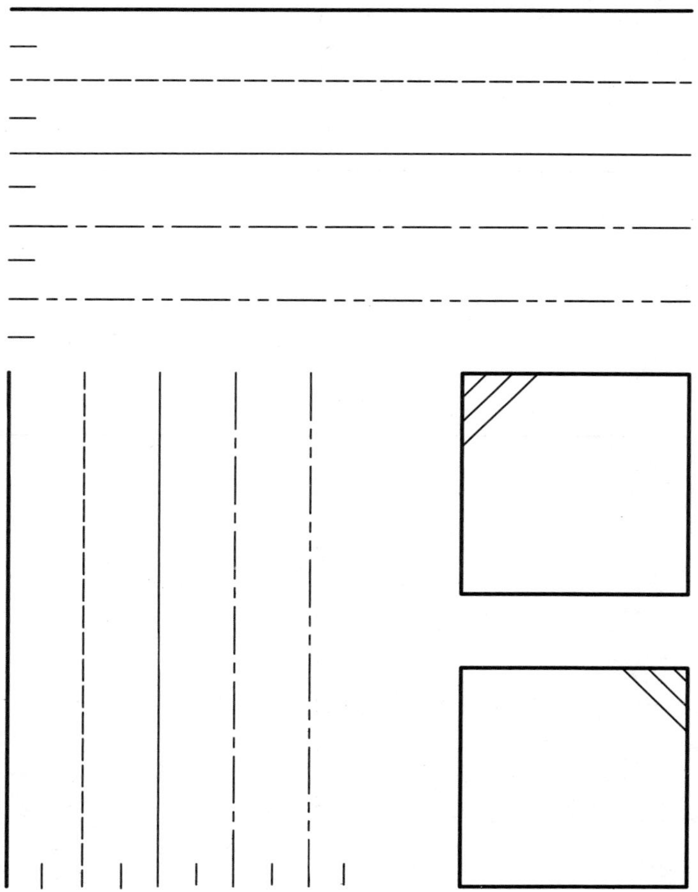

（2）

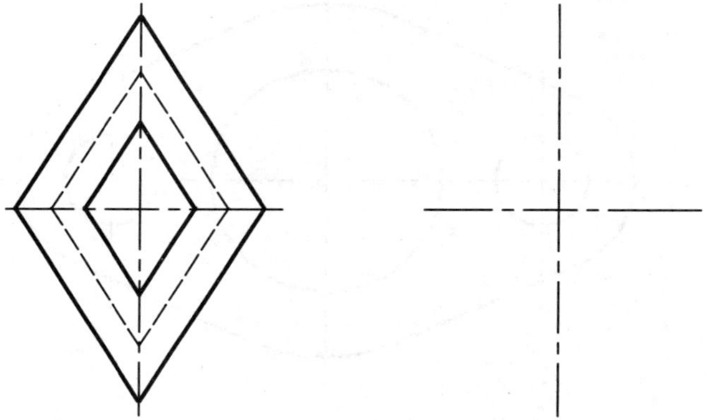

（3）

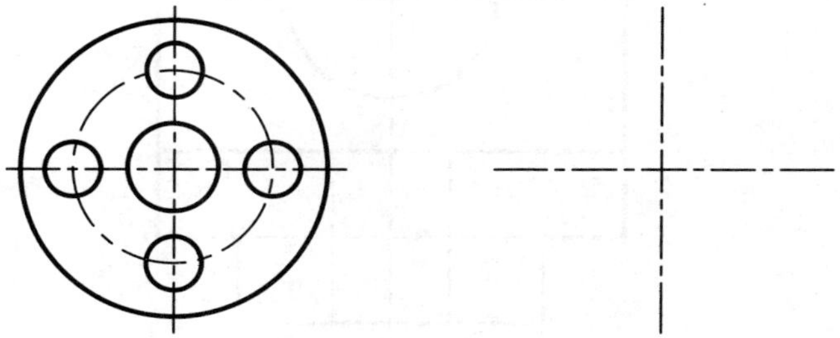

班级　　　　姓名　　　　学号

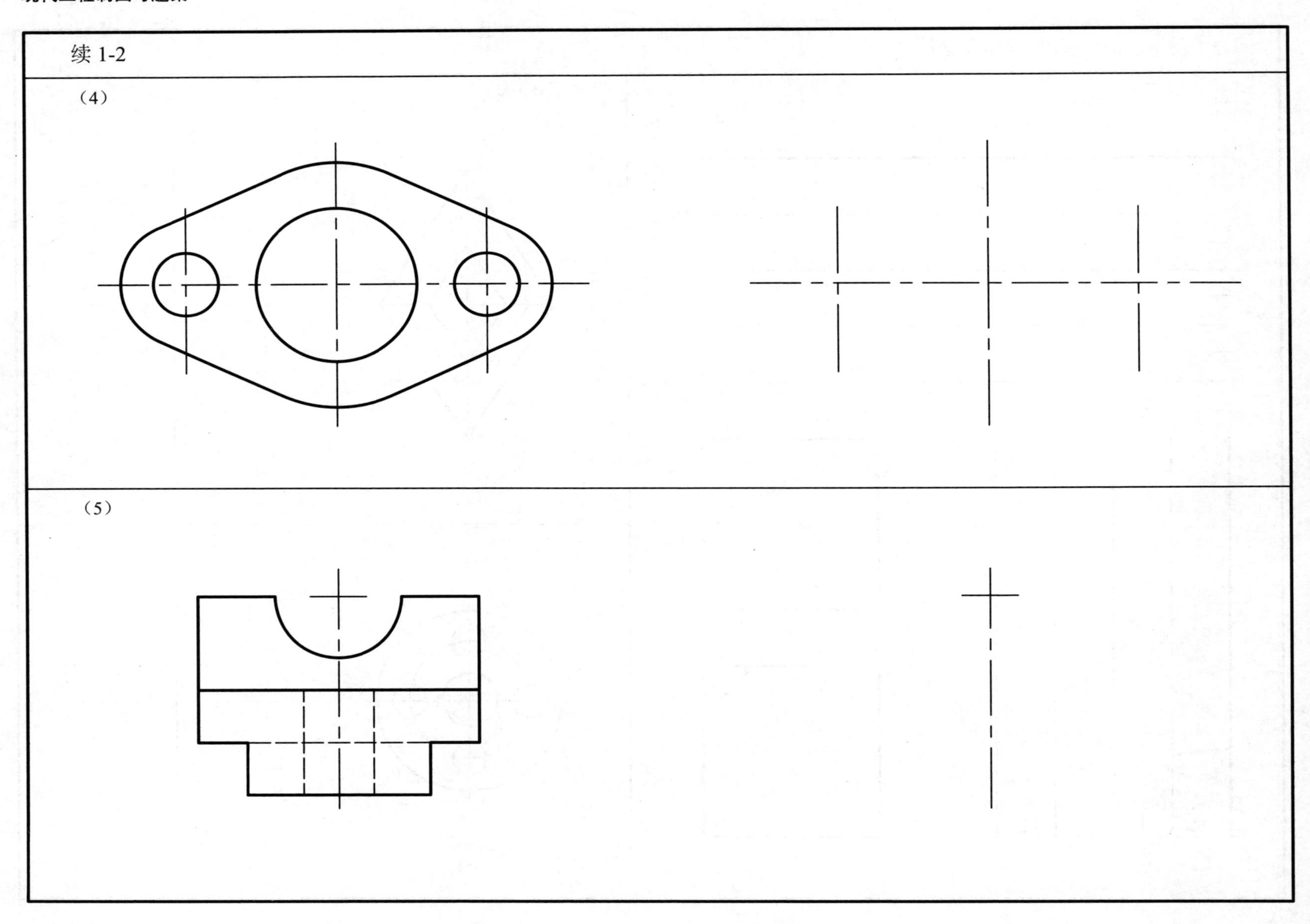

班级　　姓名　　学号

1-3　图线连接。

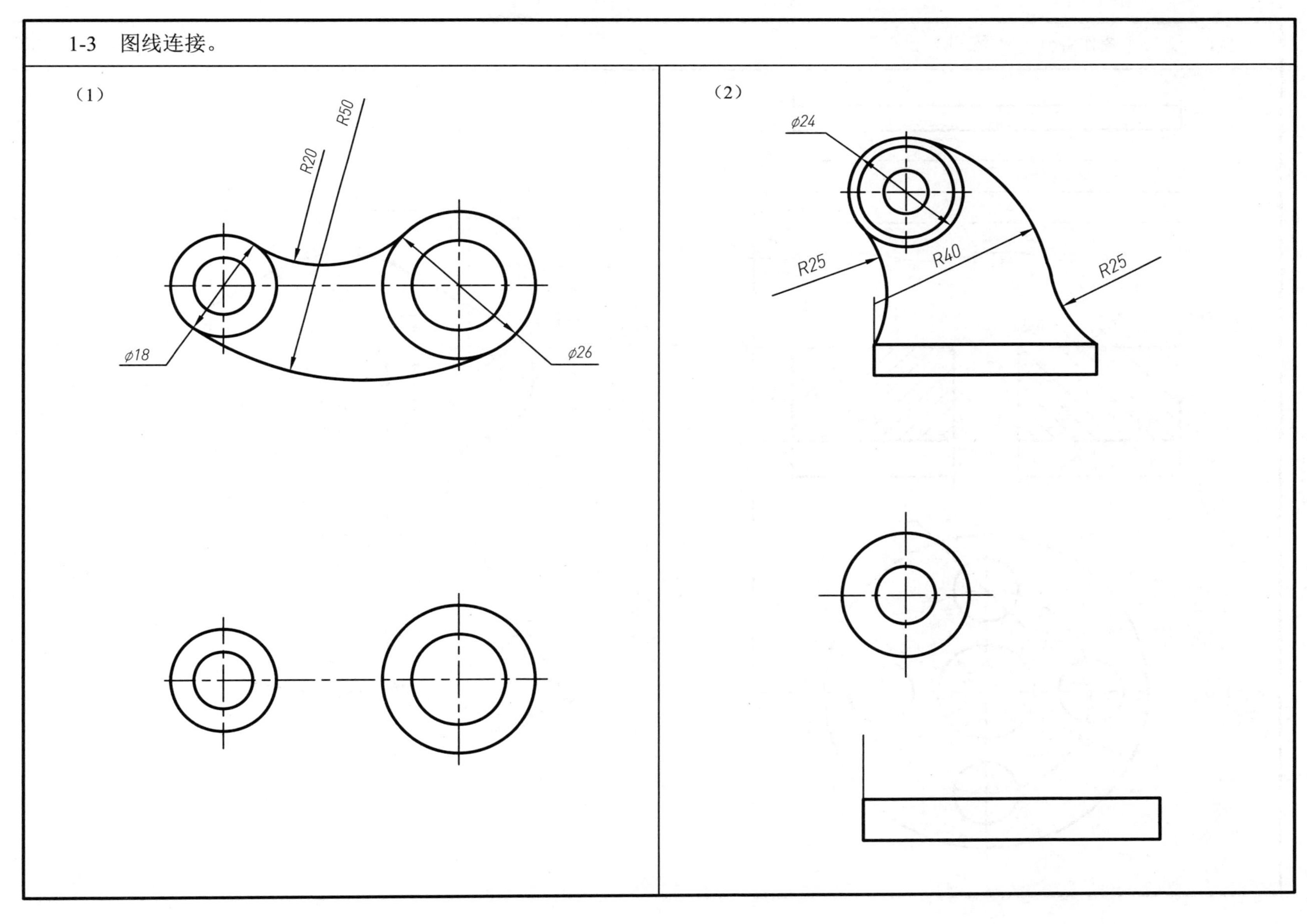

1-4　仪器作图作业（基本练习）。

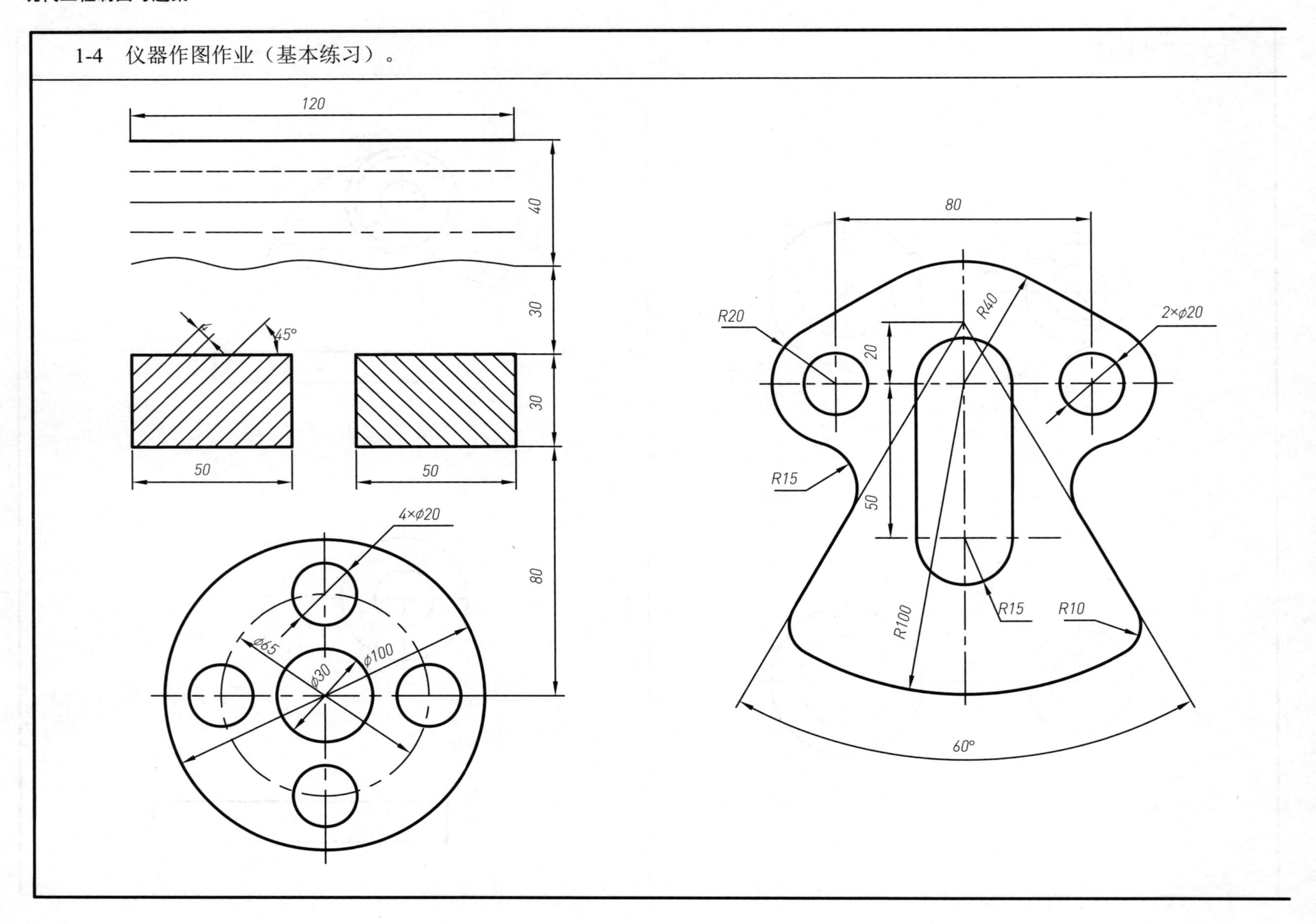

　　　　班级　　　　姓名　　　　学号

仪器作图作业（基本练习）要求及说明：

一、内容

按尺寸抄画图形。

二、目的与要求

目的：初步掌握《机械制图》国家标准中的图纸幅面及格式、比例、图线，掌握绘图仪器及工具的正确使用方法。

要求：作图正确，线型规范，字体工整，连接光滑，图面整洁。

三、提示

图名：基本练习。图幅：A3 横放。比例：1 ∶ 1。

线型：粗实线宽度 0.5 ～ 0.7 mm，其他线型宽度约为粗实线的 1/2 或更细。
虚线长约 4 mm，间隔 1 mm，点画线长约 15 ～ 20 mm，间隔及点共约 3 mm。

字体：标题栏中图名用 10 号字，校名、班级用 7 号字，其他文字用 5 号字。

四、绘图步骤

1. 布置图面：将所绘图形安排在图纸的适当位置。
2. 用 H 或 2H 铅笔画出底图。
3. 仔细检查并加深。建议用 B 或 2B 型铅笔，按先曲后直的顺序加深粗实线。

五、布图参考

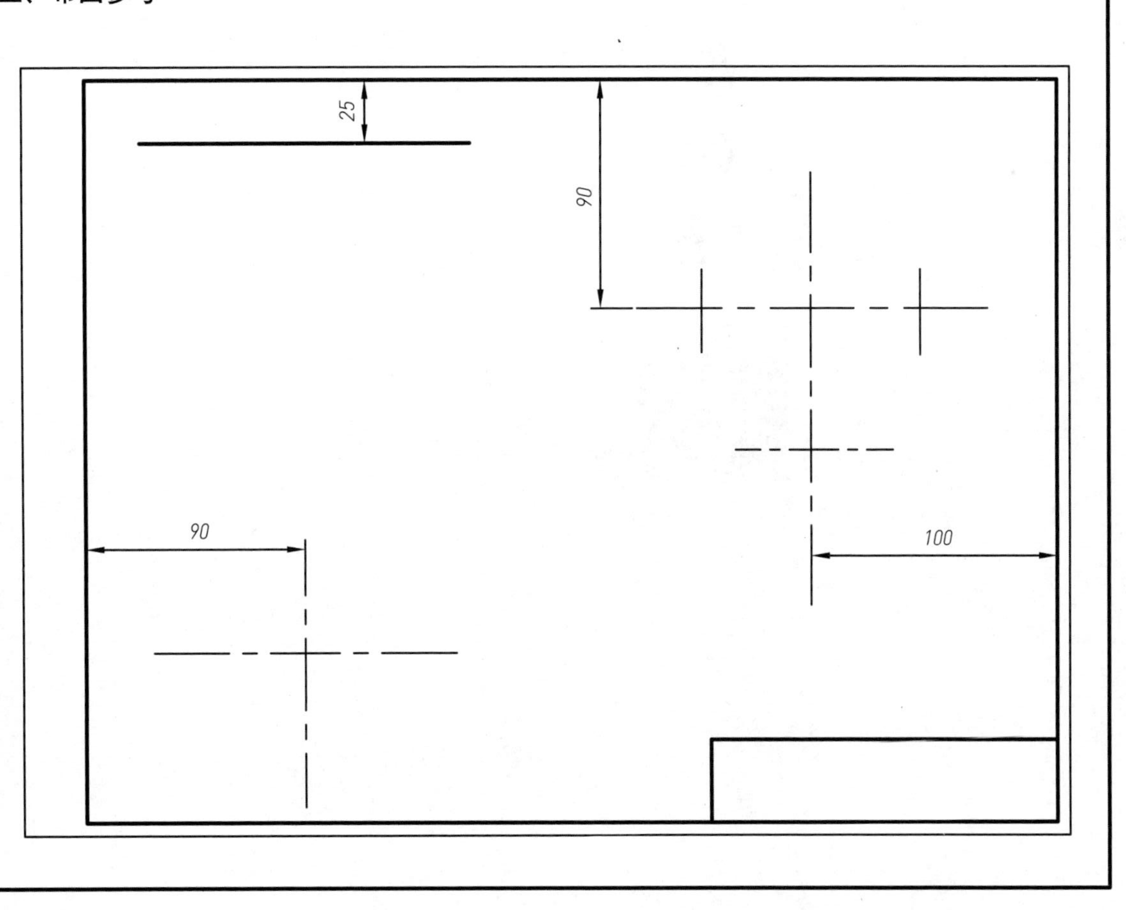

第 2 章　投影理论基础

2-1　找出形体直观图与三视图的对应关系，将相应直观图的编号填入三视图的括号内，并对照直观图补画三视图中缺漏的线条。

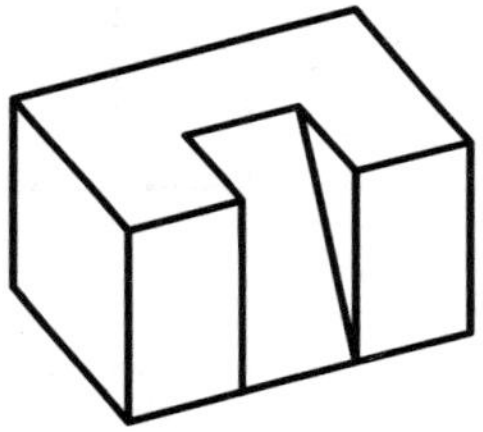

（1）

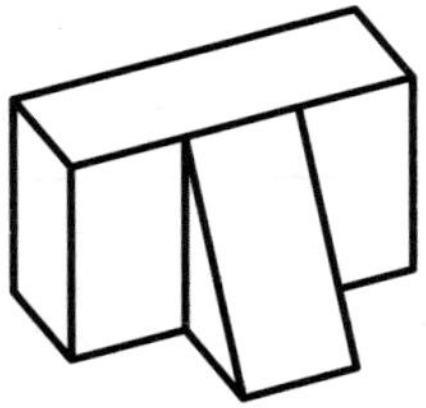

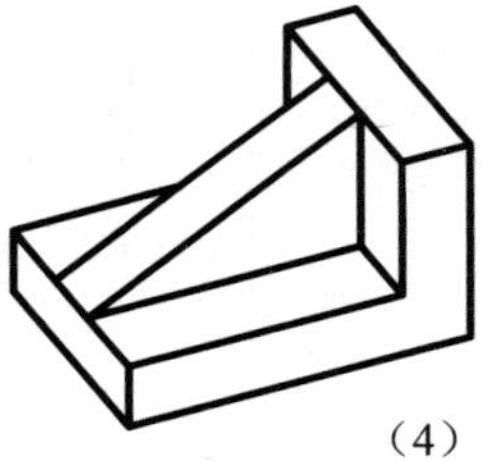

（4）

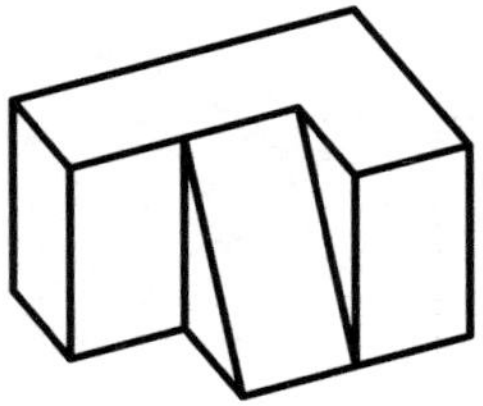

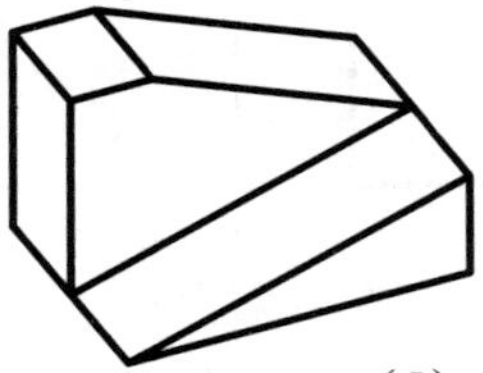

（6）

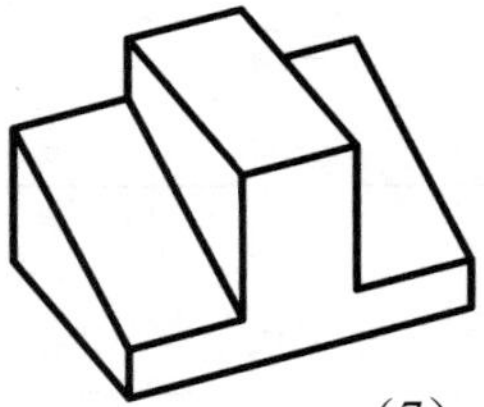

（2）

（7）

（5）

（3）

（8）

（　　）

（　　）

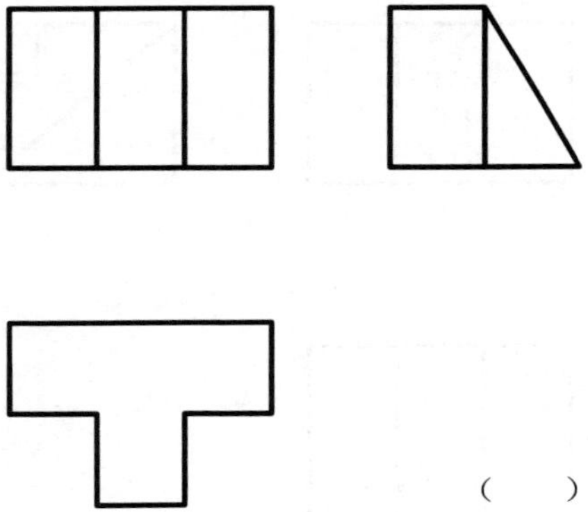

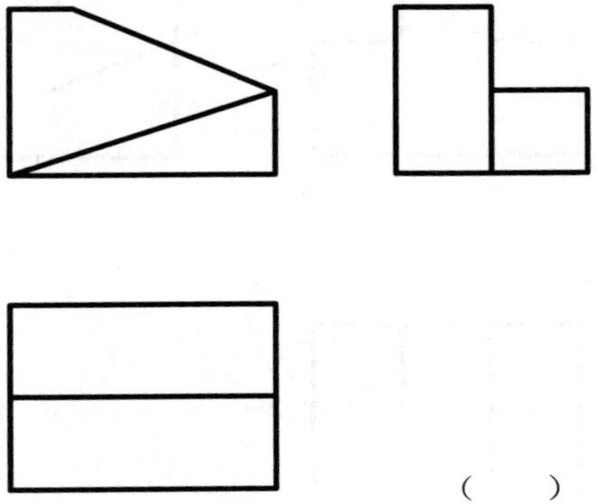

班级　　　　姓名　　　　学号

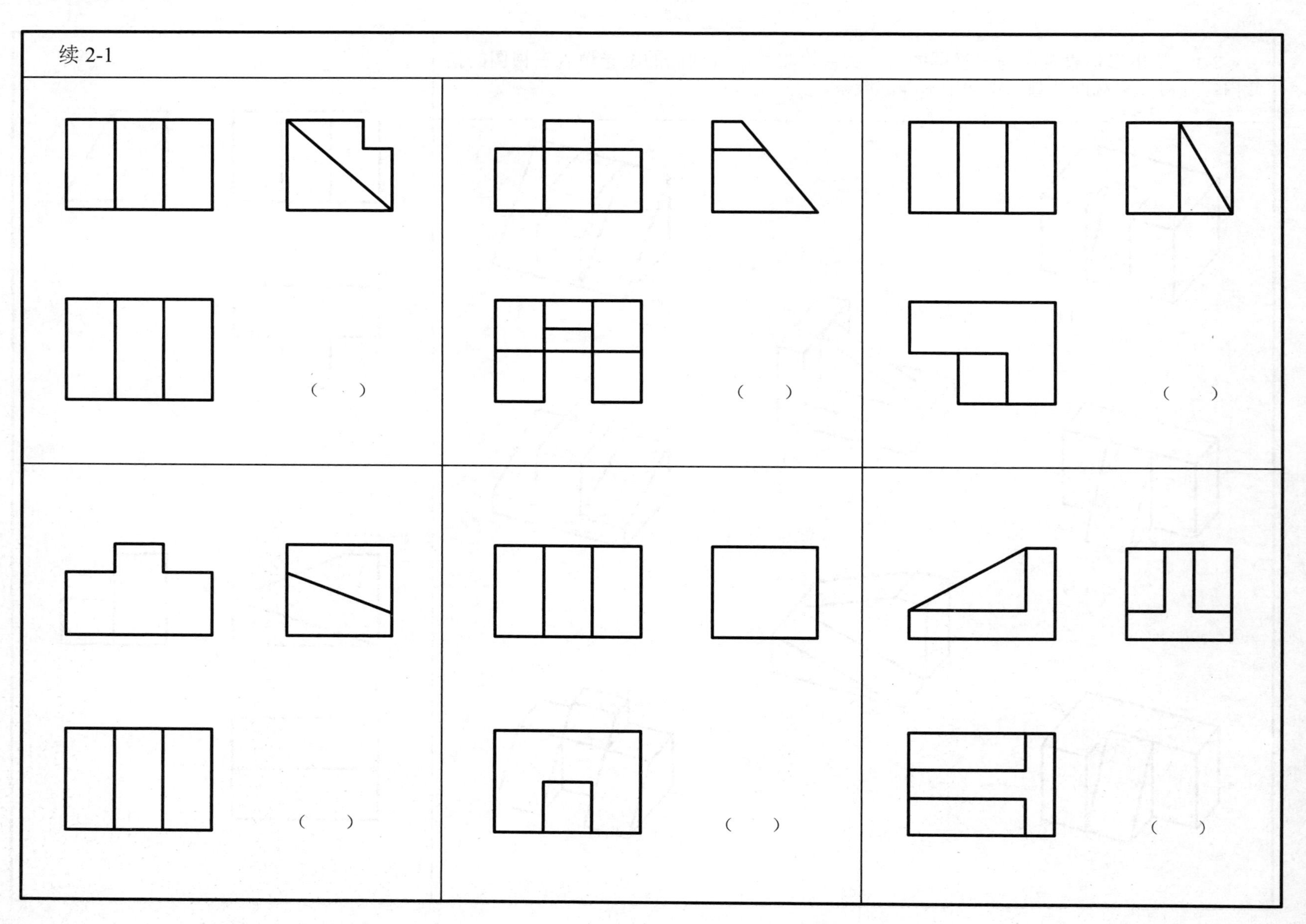

班级　　姓名　　学号

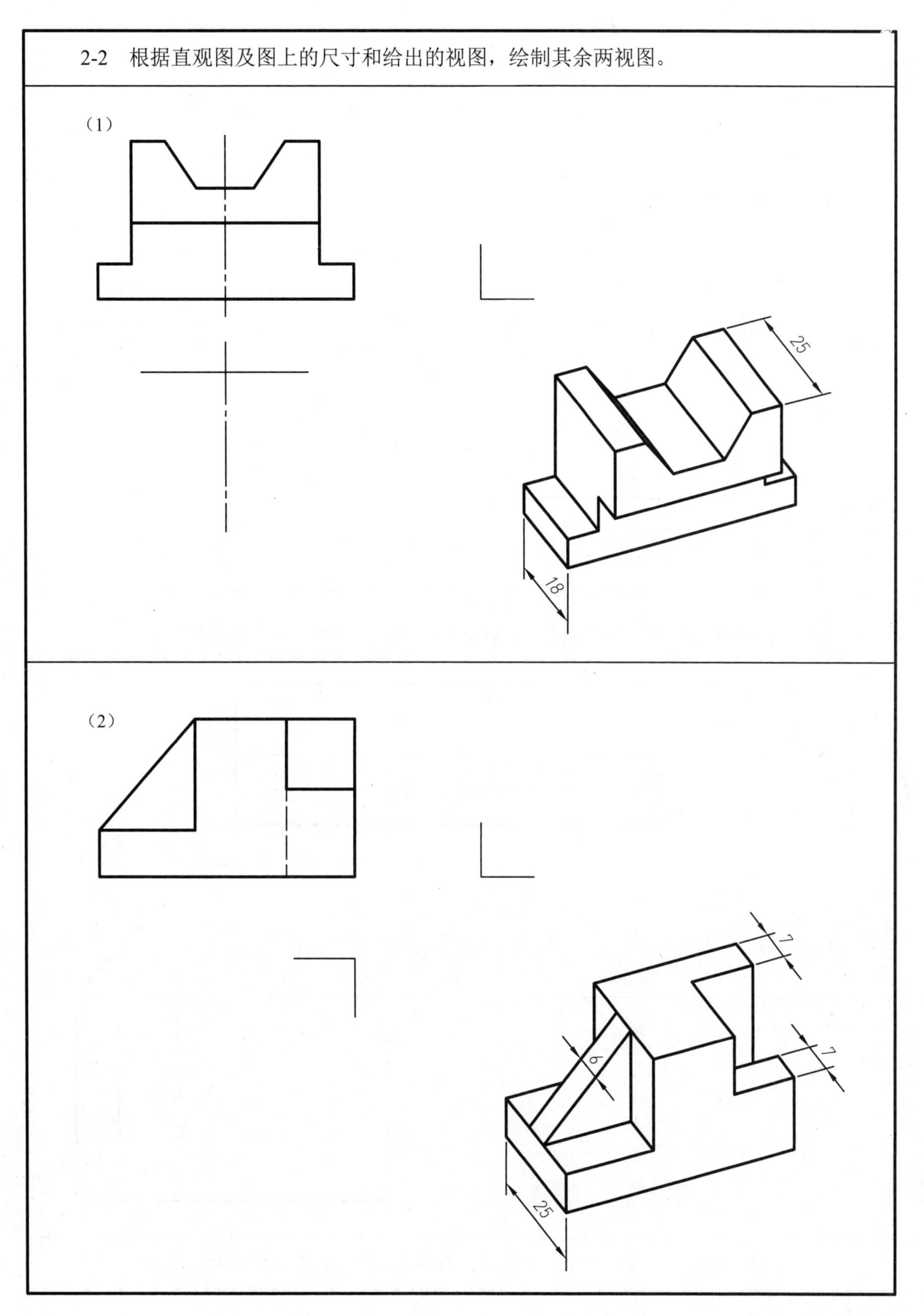
2-2　根据直观图及图上的尺寸和给出的视图，绘制其余两视图。
(1)
25
18
(2)
7
7
6
25

2-3 由直观图量出各点的坐标值（取整数），画出它们的两投影，并填写下表。

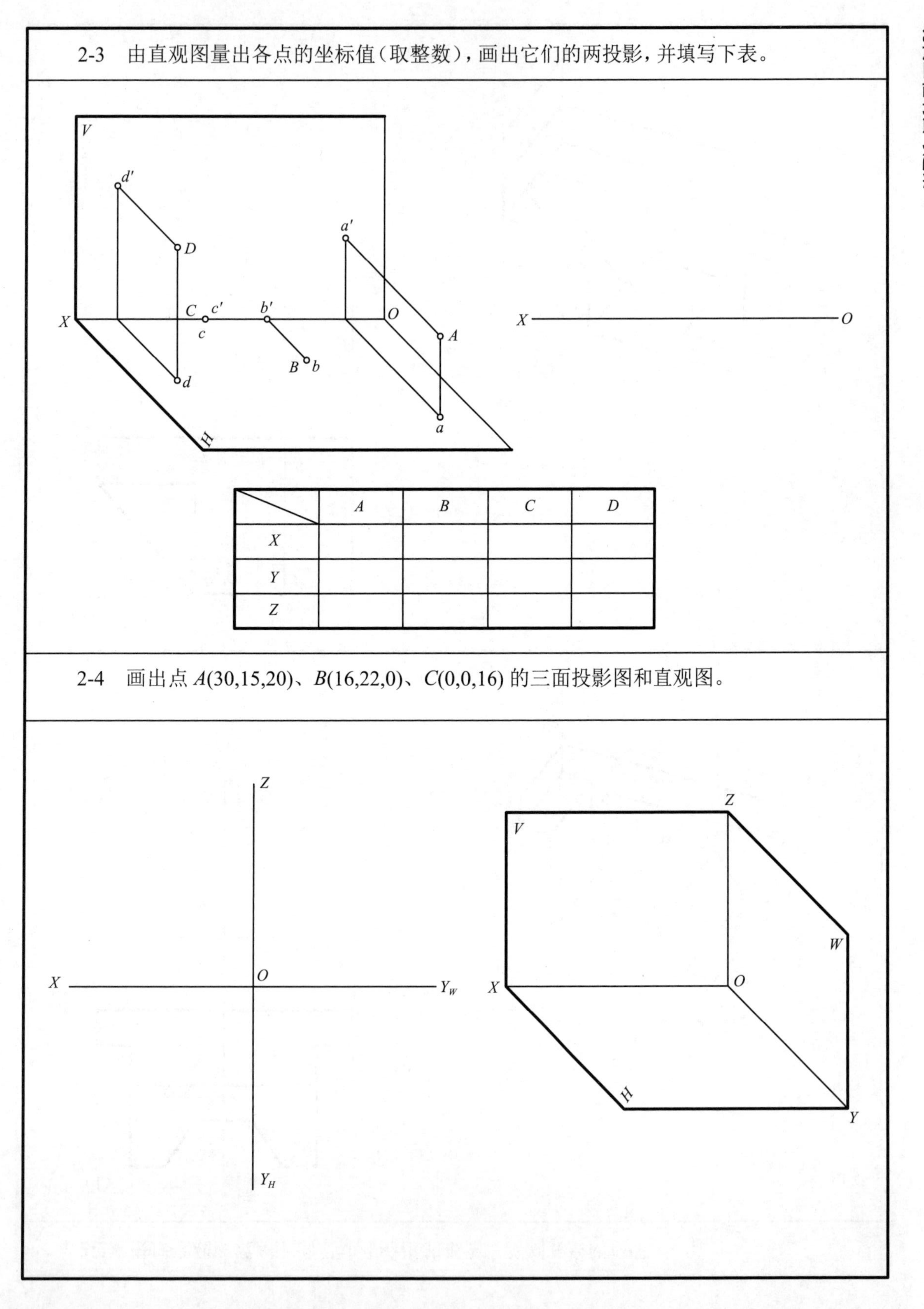

	A	B	C	D
X				
Y				
Z				

2-4 画出点 $A(30,15,20)$、$B(16,22,0)$、$C(0,0,16)$ 的三面投影图和直观图。

班级　　姓名　　学号

2-5　已知各点的两投影，作出它们的第三投影。

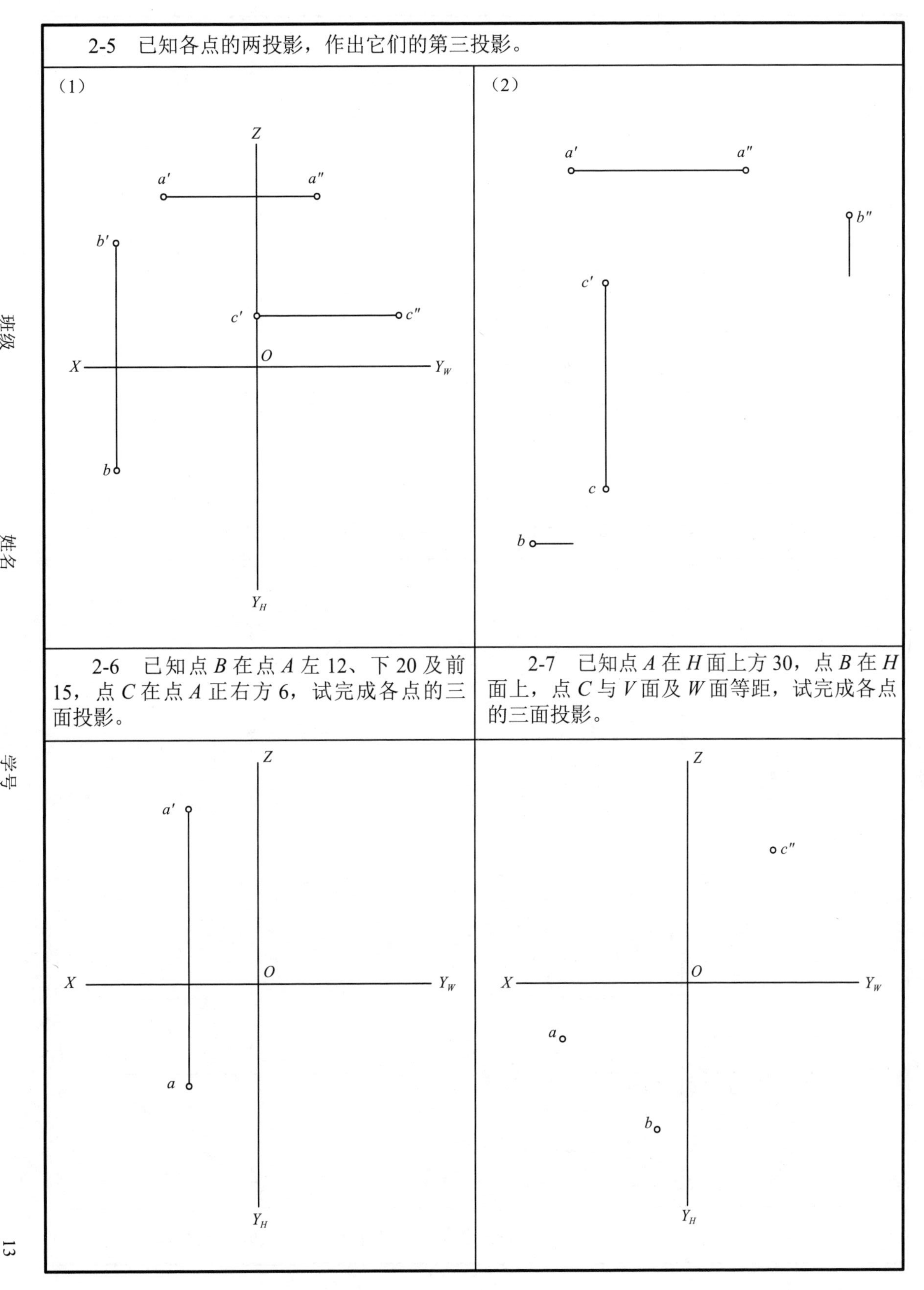

2-6　已知点 *B* 在点 *A* 左 12、下 20 及前 15，点 *C* 在点 *A* 正右方 6，试完成各点的三面投影。

2-7　已知点 *A* 在 *H* 面上方 30，点 *B* 在 *H* 面上，点 *C* 与 *V* 面及 *W* 面等距，试完成各点的三面投影。

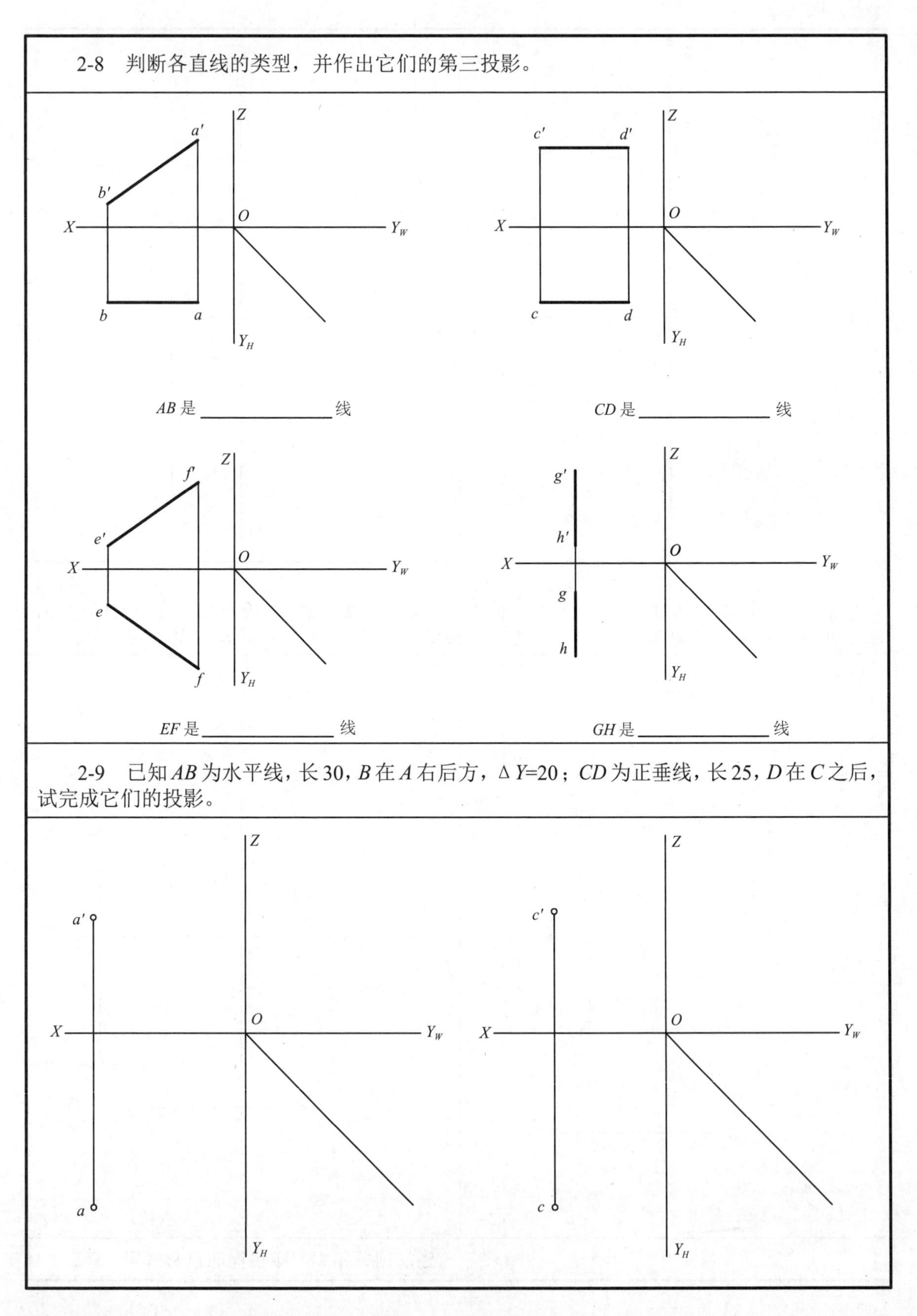
2-8 判断各直线的类型，并作出它们的第三投影。
a' b' b a Z O X Y_W Y_H
AB是____线
c' d' c d Z O X Y_W Y_H
CD是____线
f' e' e f Z O X Y_W Y_H
EF是____线
g' h' g h Z O X Y_W Y_H
GH是____线
2-9 已知AB为水平线，长30，B在A右后方，ΔY=20；CD为正垂线，长25，D在C之后，试完成它们的投影。
a' a Z O X Y_W Y_H
c' c Z O X Y_W Y_H

2-10　分别在直观图和投影图上标注 AB、CD 直线，并填写它们对各投影面的相对位置（平行、垂直或倾斜）。

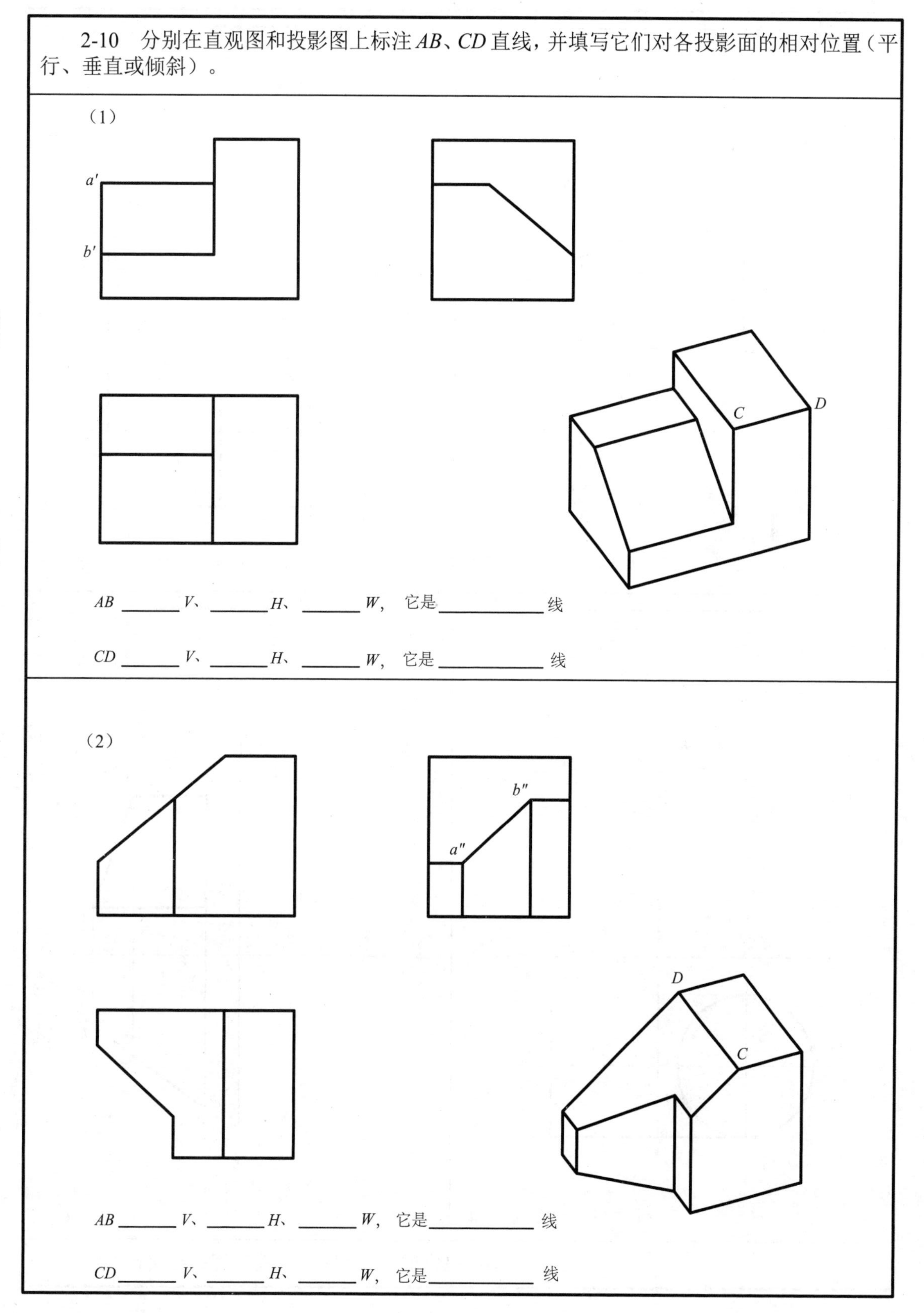

（1）

AB ______ V、______ H、______ W，它是__________线

CD ______ V、______ H、______ W，它是__________线

（2）

AB ______ V、______ H、______ W，它是__________线

CD ______ V、______ H、______ W，它是__________线

2-11 判断各平面的类型，并作出它们的第三投影。

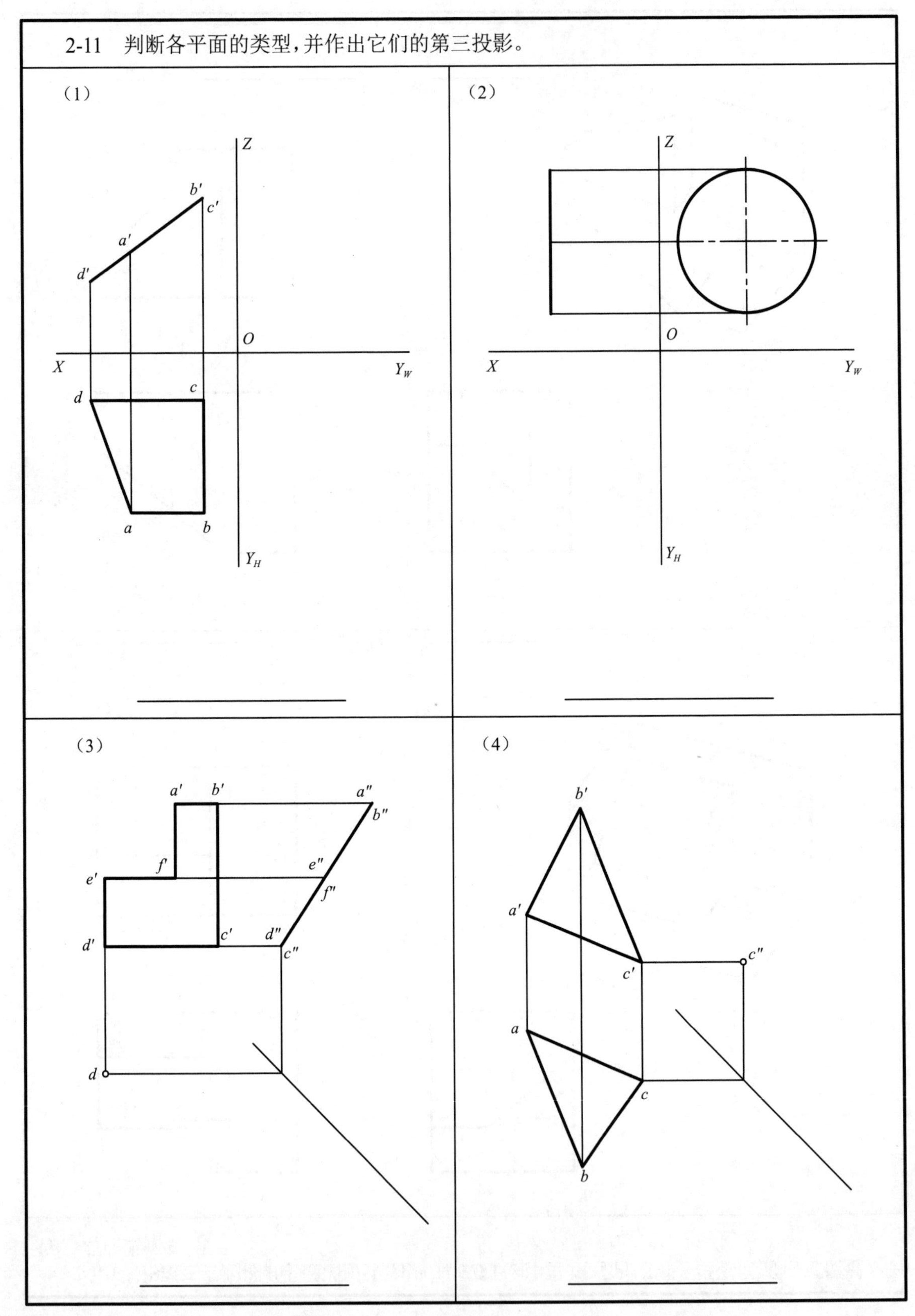

班级 姓名 学号

2-12　分别在直观图和投影图上标注 P、Q 平面，并填写它们对各投影面的相对位置（平行、垂直或倾斜）。

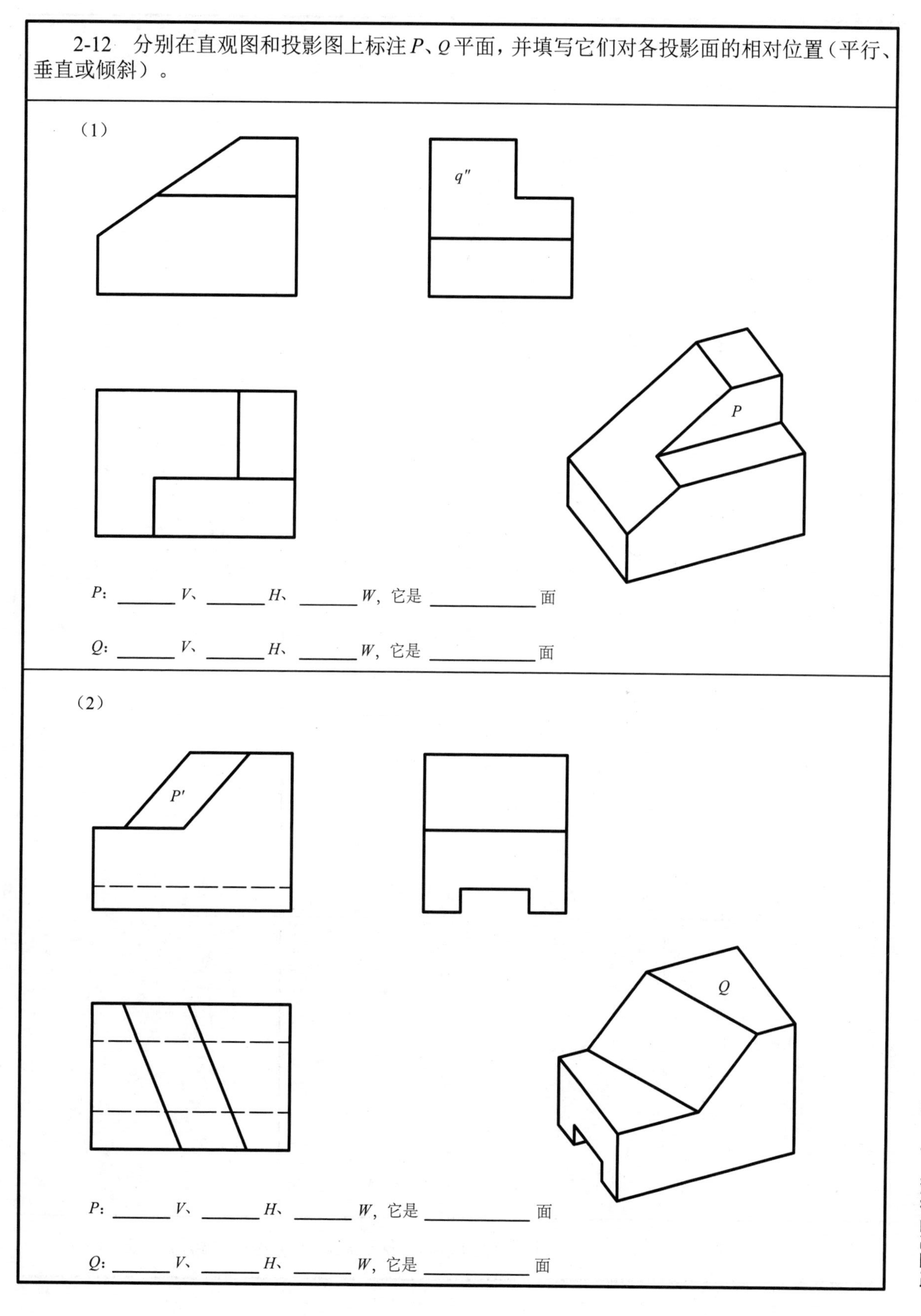

（1）

P：______ V、______ H、______ W，它是 __________ 面

Q：______ V、______ H、______ W，它是 __________ 面

（2）

P：______ V、______ H、______ W，它是 __________ 面

Q：______ V、______ H、______ W，它是 __________ 面

班级　　　　姓名　　　　学号

2-13 在下列指定位置绘出六棱柱的三视图(仪器作图)。

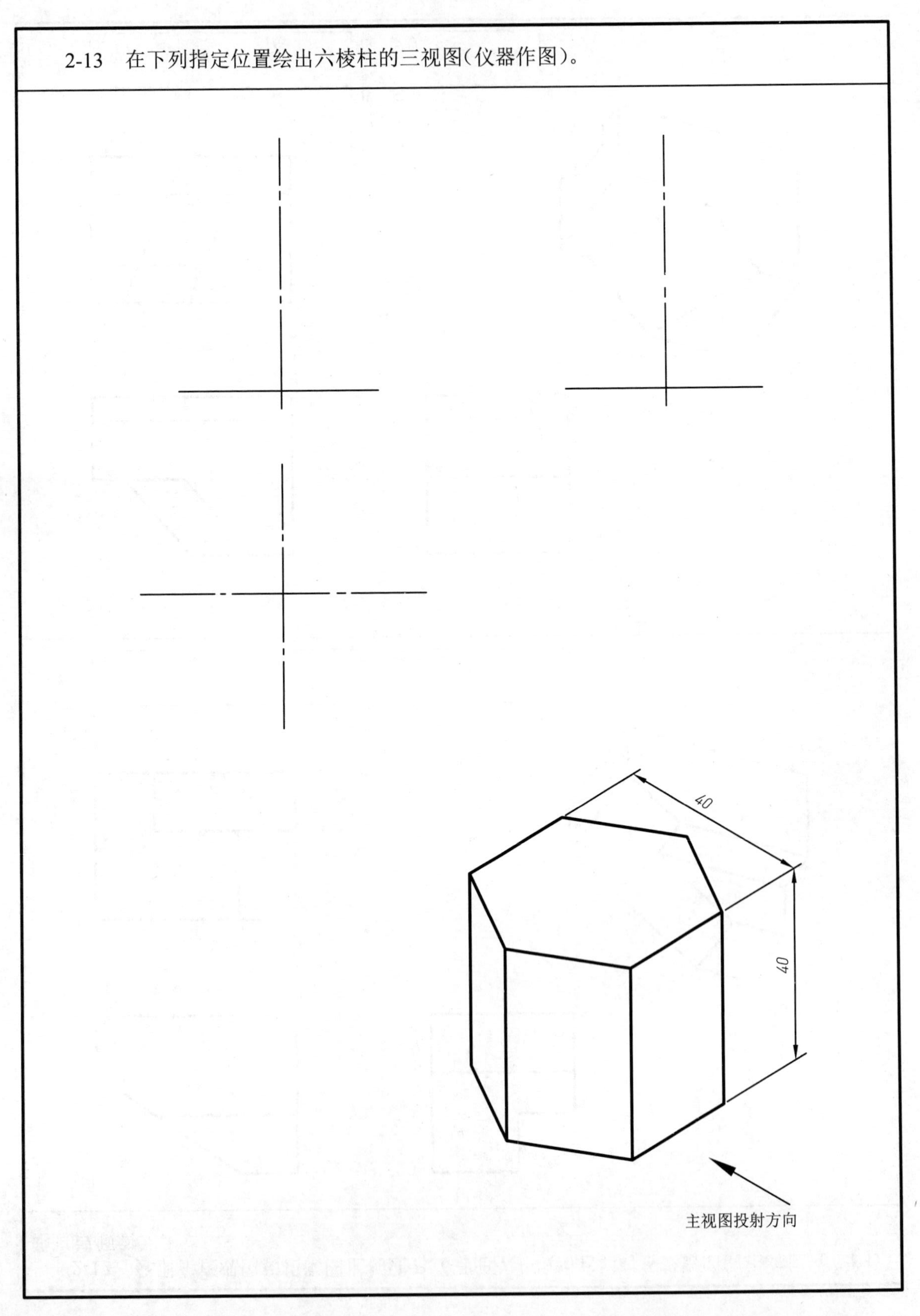

班级　　　　姓名　　　　学号

2-14　在下列指定位置绘出四棱锥的三视图（仪器作图）。

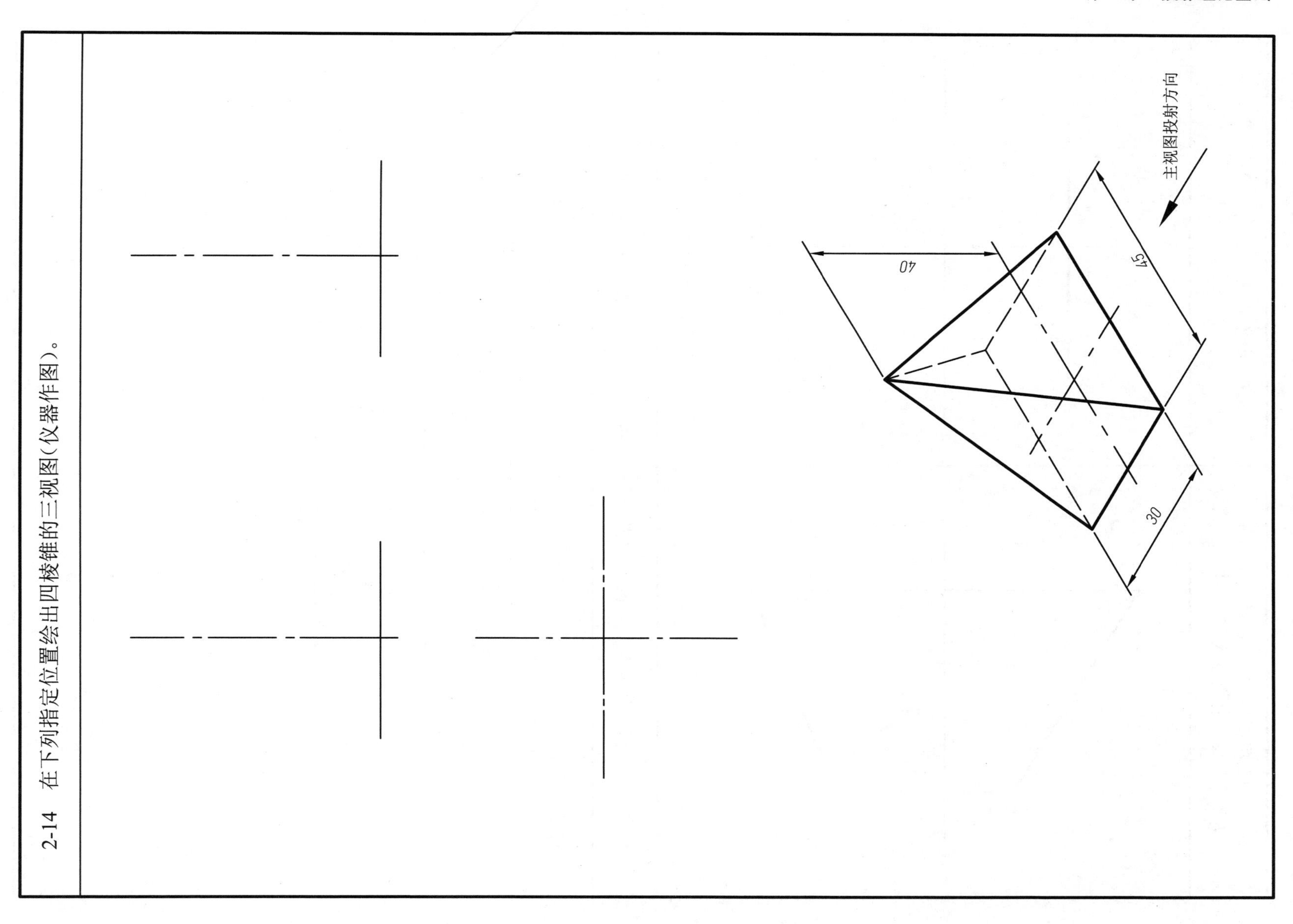

班级　　　　　　　　姓名　　　　　　　　学号

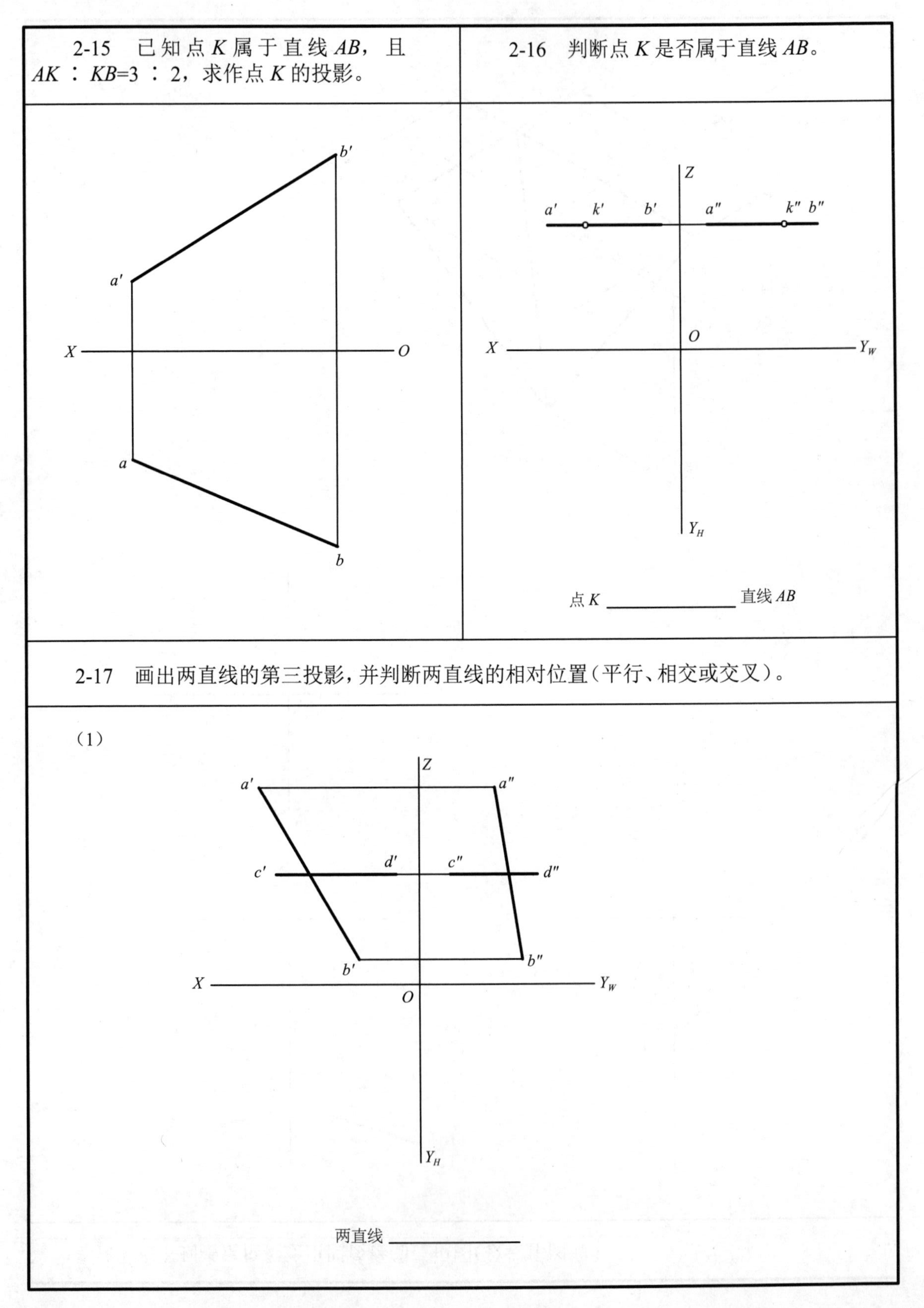

2-15 已知点 K 属于直线 AB，且 AK：KB=3：2，求作点 K 的投影。

2-16 判断点 K 是否属于直线 AB。

点 K ______ 直线 AB

2-17 画出两直线的第三投影，并判断两直线的相对位置（平行、相交或交叉）。

（1）

两直线 ______

班级　　　　姓名　　　　学号

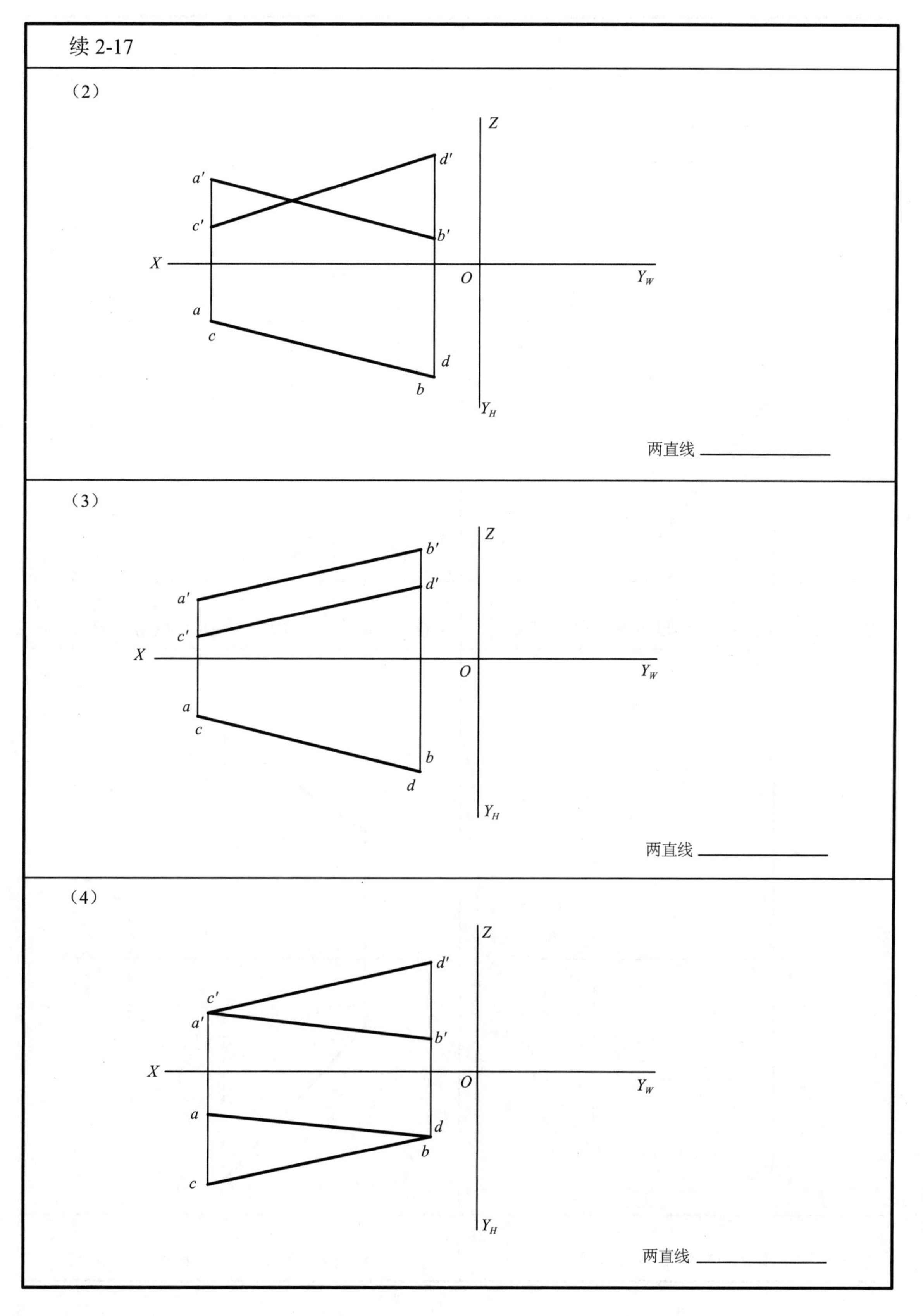
续 2-17
（2）
Z
a'
d'
c'
b'
X
O
Y_W
a
c
d
b
Y_H
两直线______
（3）
Z
b'
a'
d'
c'
X
O
Y_W
a
c
b
d
Y_H
两直线______
（4）
Z
d'
c'
a'
b'
X
O
Y_W
a
d
b
c
Y_H
两直线______

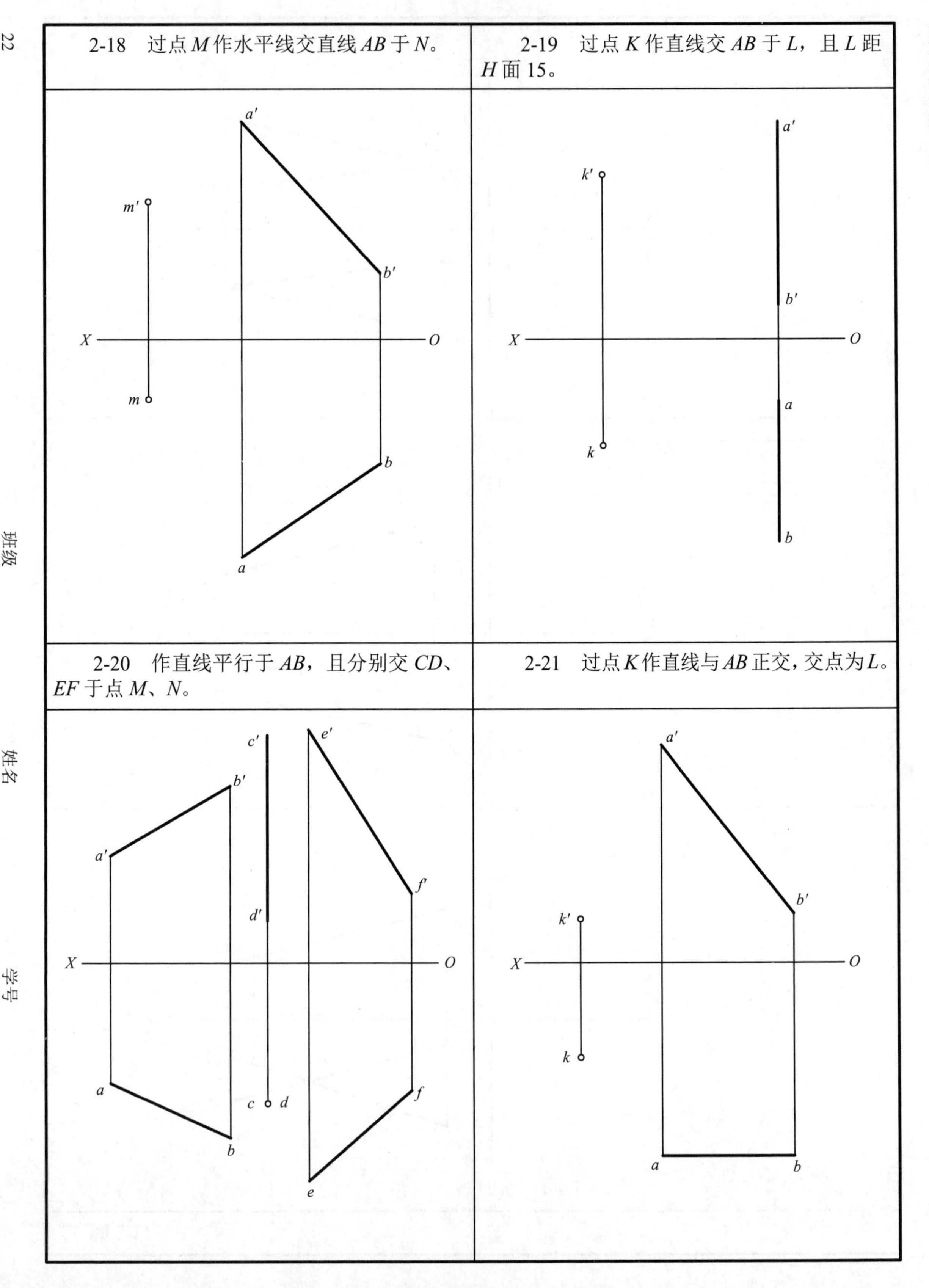
2-18 过点 *M* 作水平线交直线 *AB* 于 *N*。
2-19 过点 *K* 作直线交 *AB* 于 *L*，且 *L* 距 *H* 面 15。
2-20 作直线平行于 *AB*，且分别交 *CD*、*EF* 于点 *M*、*N*。
2-21 过点 *K* 作直线与 *AB* 正交，交点为 *L*。
X
O
a'
b'
a
b
m'
m
k'
k
c'
d'
c
d
e'
f'
e
f

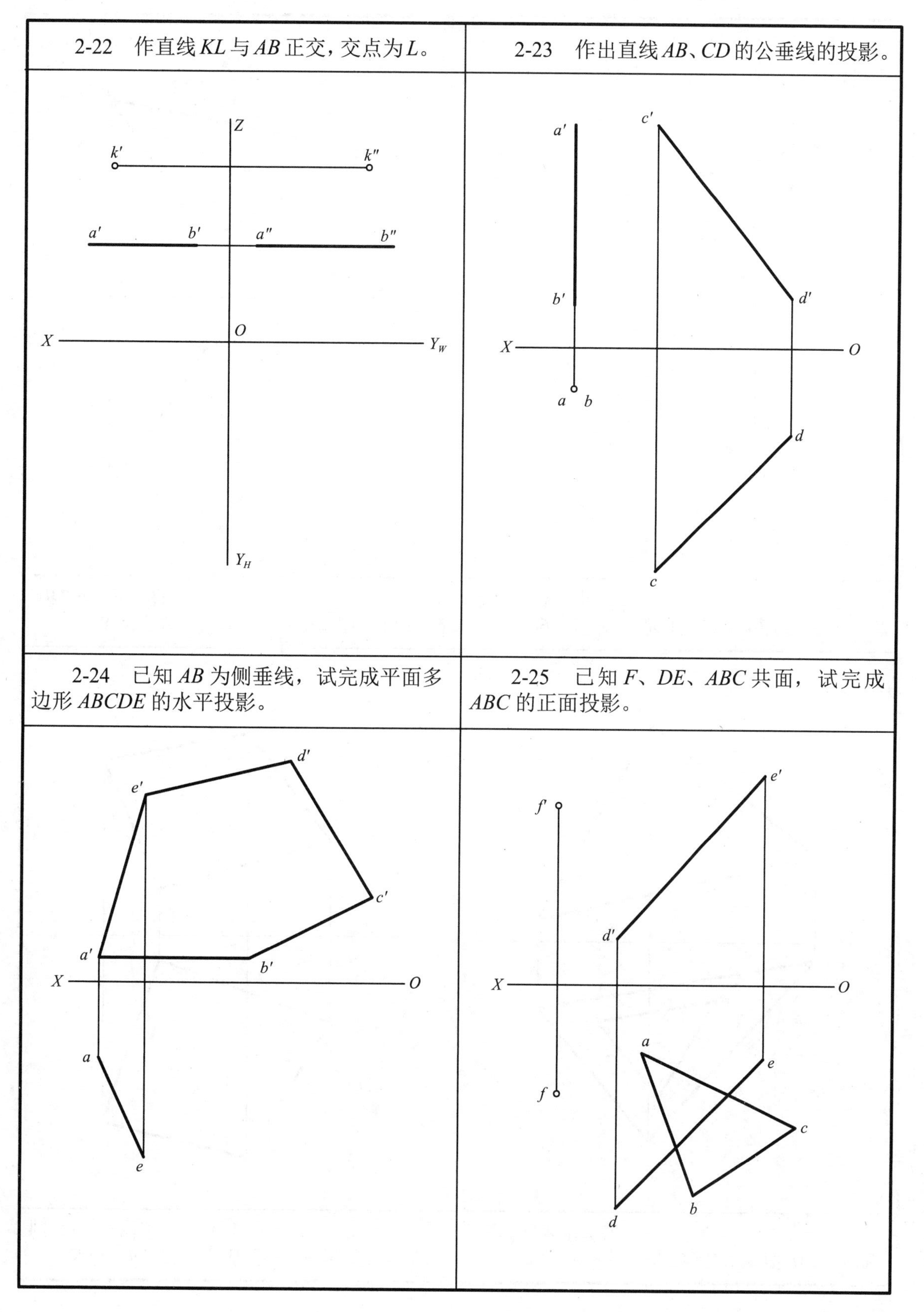
2-22　作直线 KL 与 AB 正交，交点为 L。
2-23　作出直线 AB、CD 的公垂线的投影。
2-24　已知 AB 为侧垂线，试完成平面多边形 ABCDE 的水平投影。
2-25　已知 F、DE、ABC 共面，试完成 ABC 的正面投影。
k′
k″
a′
b′
a″
b″
Z
O
X
Y_W
Y_H
a′
b′
a
b
c′
d′
d
c
X
O
e′
d′
c′
b′
a′
a
e
X
O
f′
f
e′
d′
a
e
c
b
d
X
O

2-26　E、F 两点在已知平面内，求它们的另一投影。

2-27．作出三角形 ABC 平面内三角形 DEM 的水平投影。

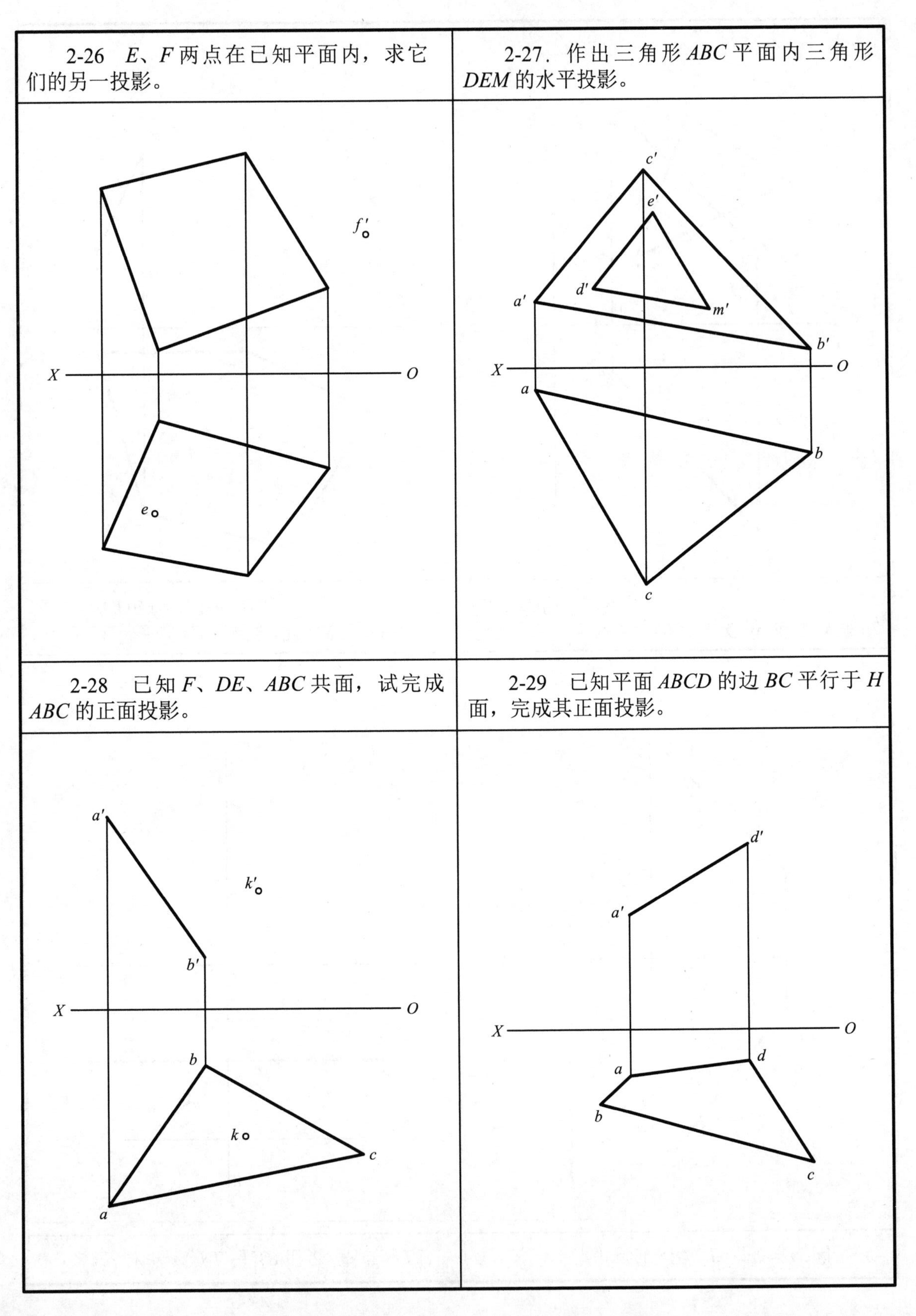

2-28　已知 F、DE、ABC 共面，试完成 ABC 的正面投影。

2-29　已知平面 $ABCD$ 的边 BC 平行于 H 面，完成其正面投影。

班级

姓名

学号

2-30　判断 K、L 及 MN 是否属于平面 ABC。

2-31　求线、面交点，并判断可见性。

2-32　求两平面的交线，并判断可见性。

2-33　过点 K 作 KL 垂直于平面 ABC，垂足为 L。

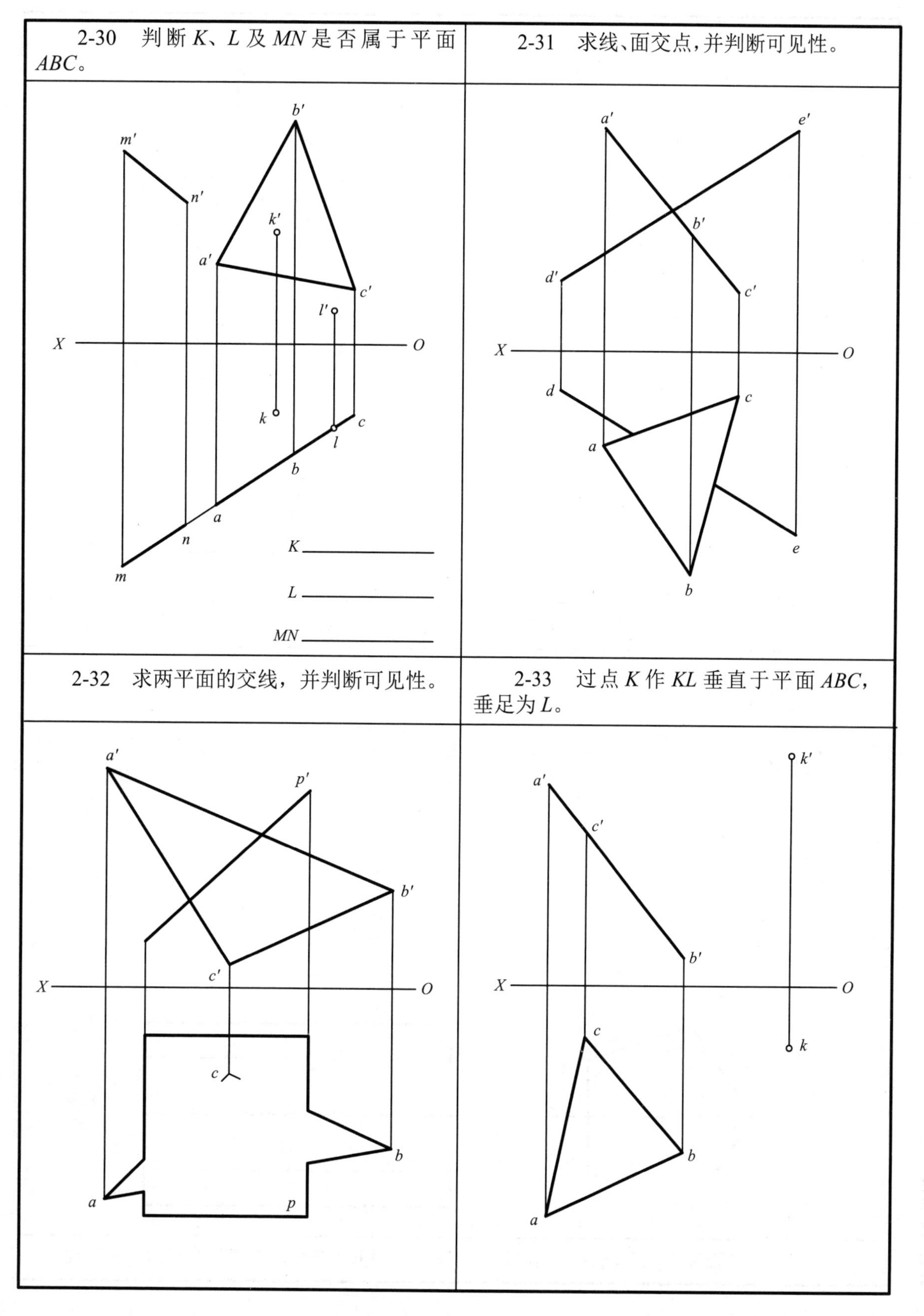

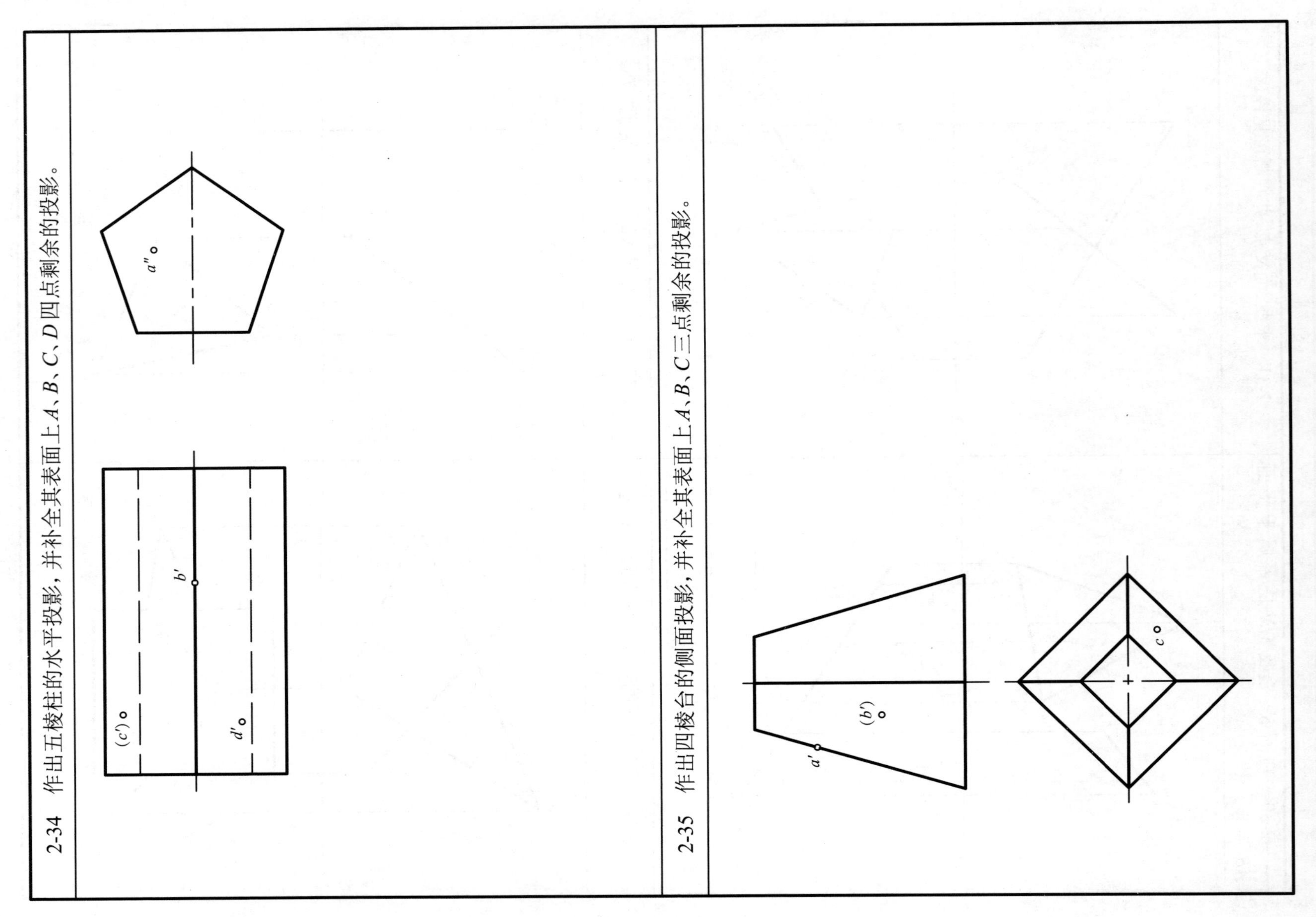
2-34　作出五棱柱的水平投影，并补全其表面上A、B、C、D四点剩余的投影。
a''
b'
(c')
d'
2-35　作出四棱台的侧面投影，并补全其表面上A、B、C三点剩余的投影。
a'
(b')
c

2-36　已知圆柱的直径为30，高为45，轴线为侧垂线，画出其三面投影。

2-37　已知圆锥的底圆直径为32，高为45，轴线为侧垂线，且顶左底右，画出其三面投影。

班级　　　　姓名　　　　学号

2-38　已知四分之一圆球的侧面投影，完成其正面及水平投影。

2-39　已知立体表面上各点的一个投影，求其余投影。

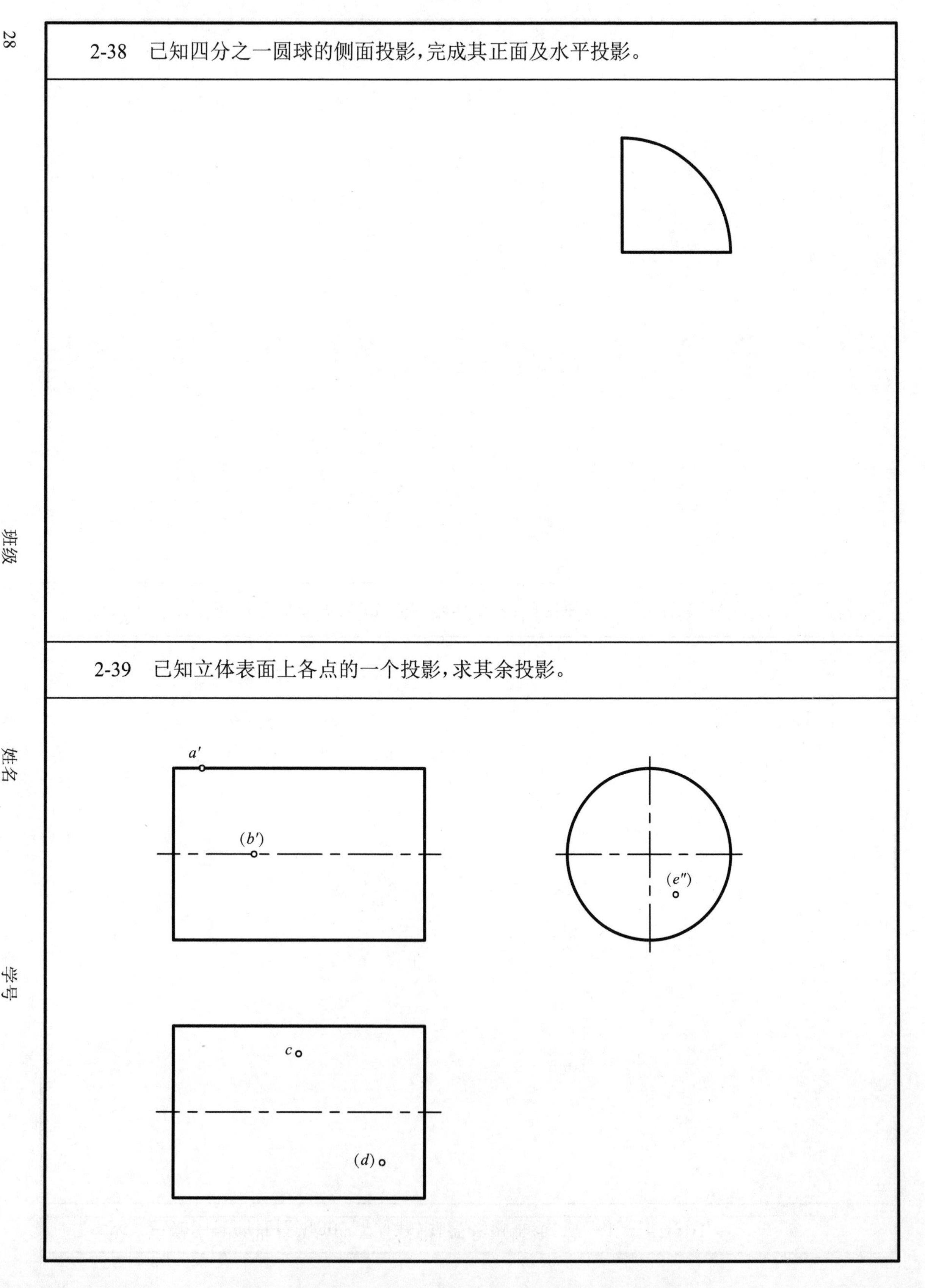

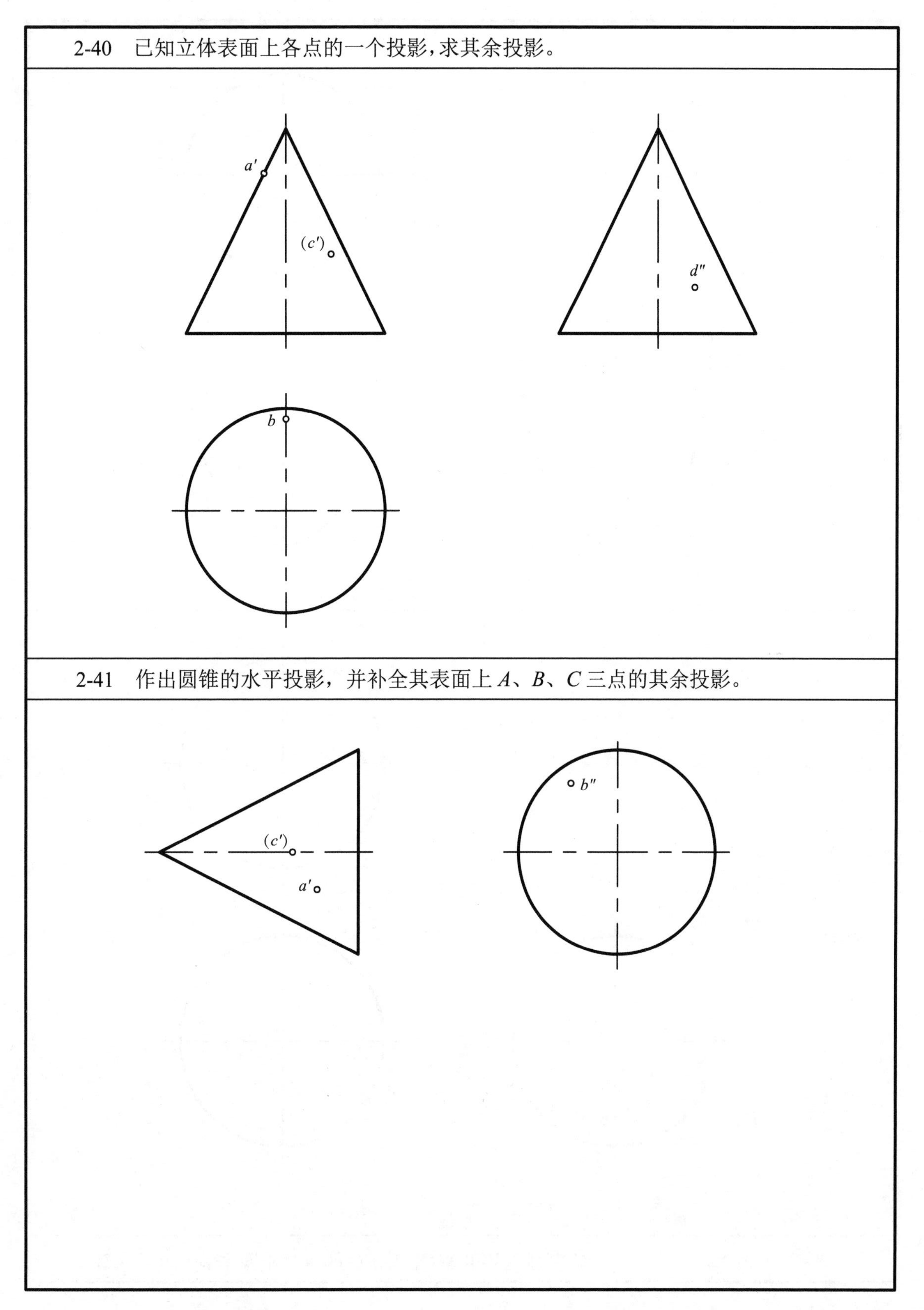
2-40　已知立体表面上各点的一个投影,求其余投影。
a′
(c′)
d″
b
2-41　作出圆锥的水平投影，并补全其表面上 A、B、C 三点的其余投影。
(c′)
a′
b″

2-42 已知立体表面上各点的一个投影，求其余投影。

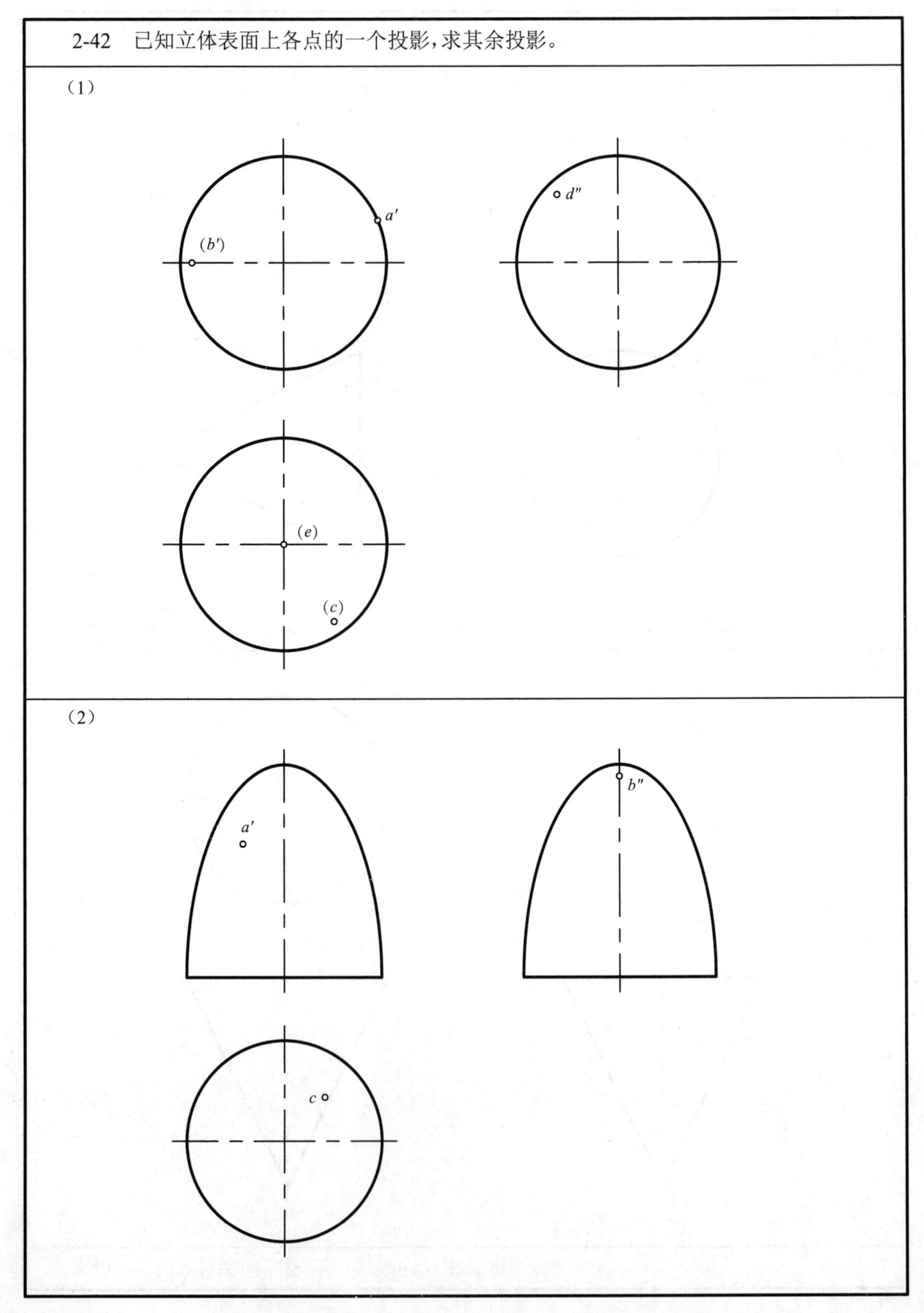

班级 姓名 学号

第3章　集合体

3-1　根据直观图，徒手完成集合体的三视图。

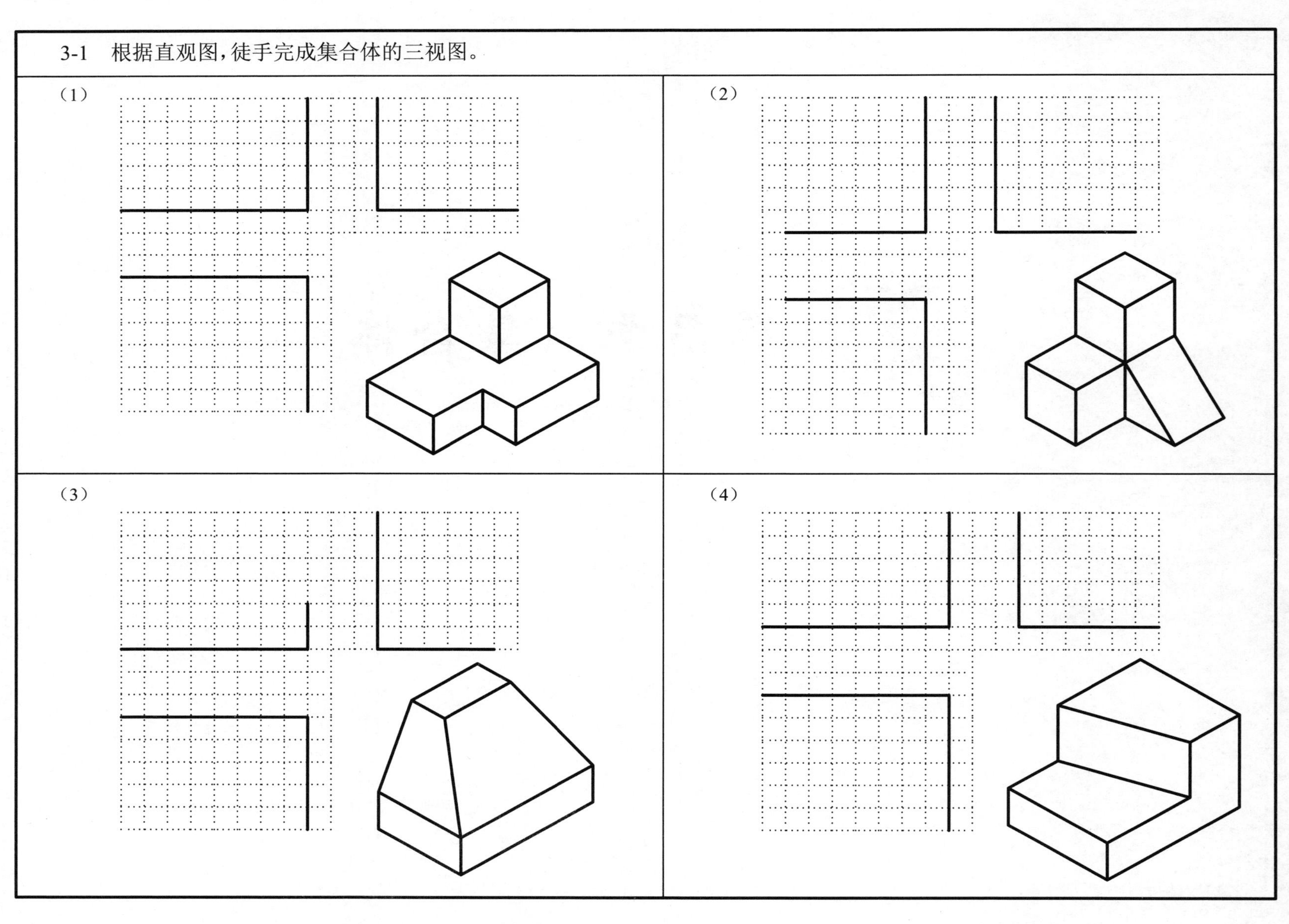

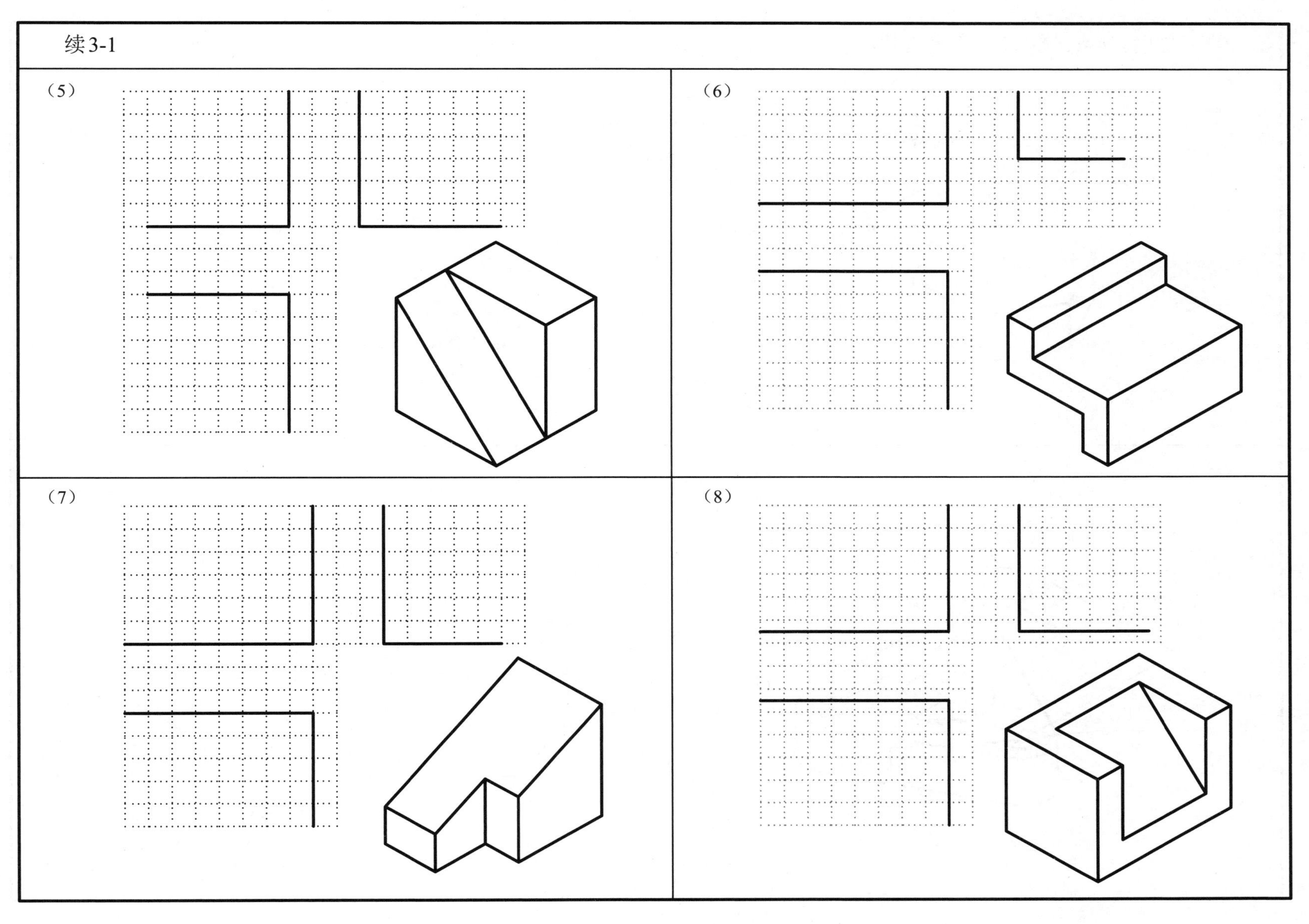

班级　　　　姓名　　　　学号

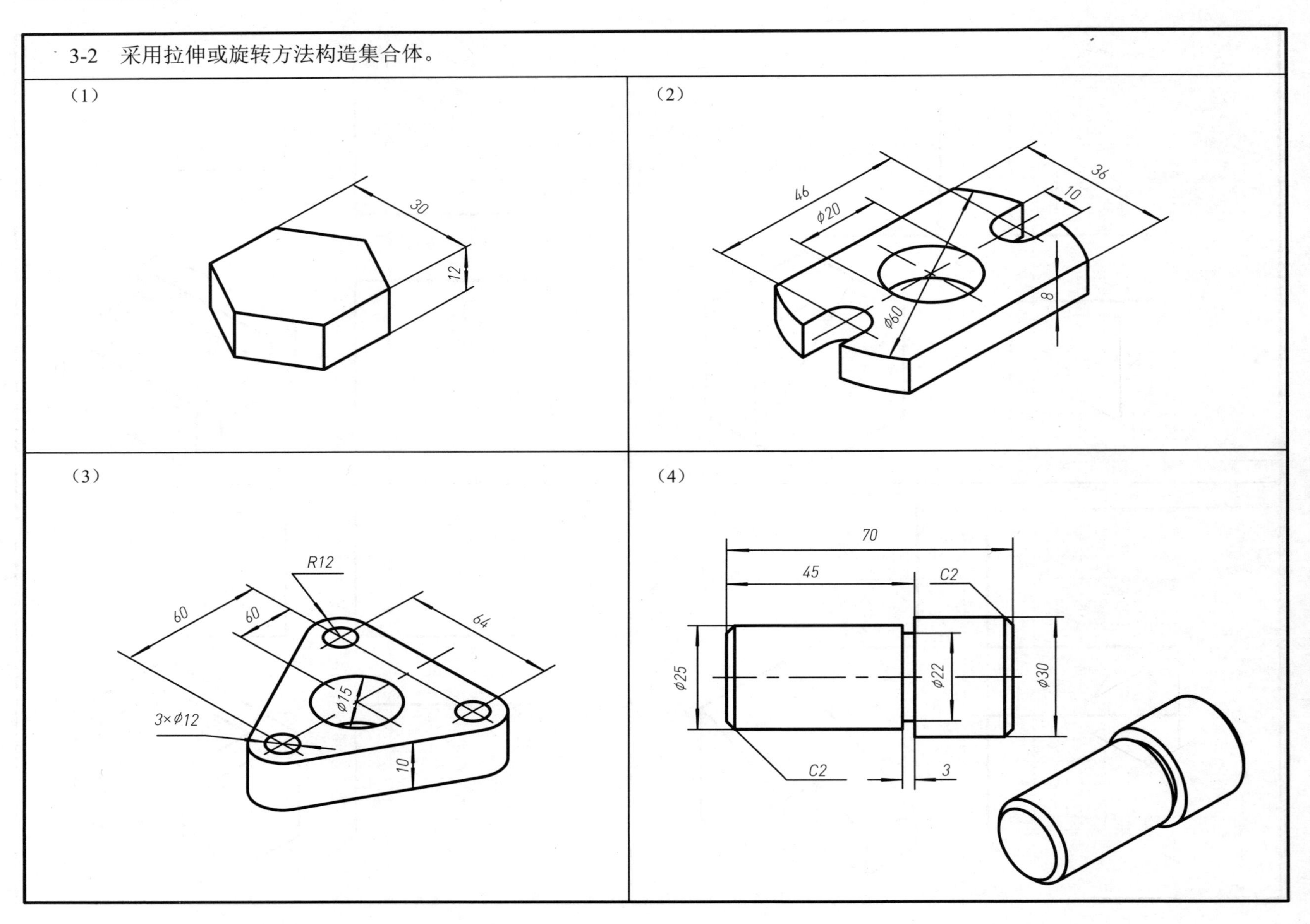
3-2 采用拉伸或旋转方法构造集合体。
(1)
30
12
(2)
46
36
10
ϕ20
ϕ60
8
(3)
R12
60
60
64
ϕ15
3×ϕ12
10
(4)
70
45
C2
ϕ25
ϕ22
ϕ30
C2
3

班级 姓名 学号

3-3　构造集合体。

（1）

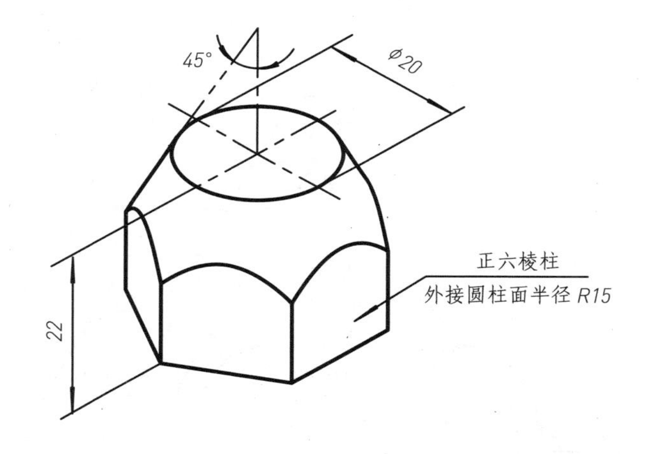

（2）

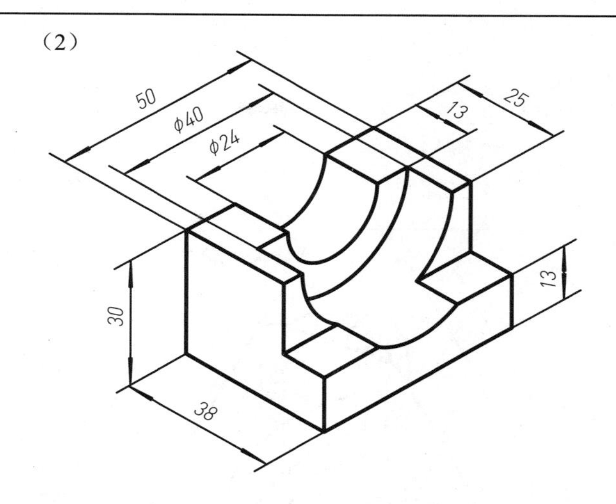

3-4　构造集合体并将其分割为图示的两部分。（提示：先复制一个相同的集合体，再分别与长方体作差或交操作。）

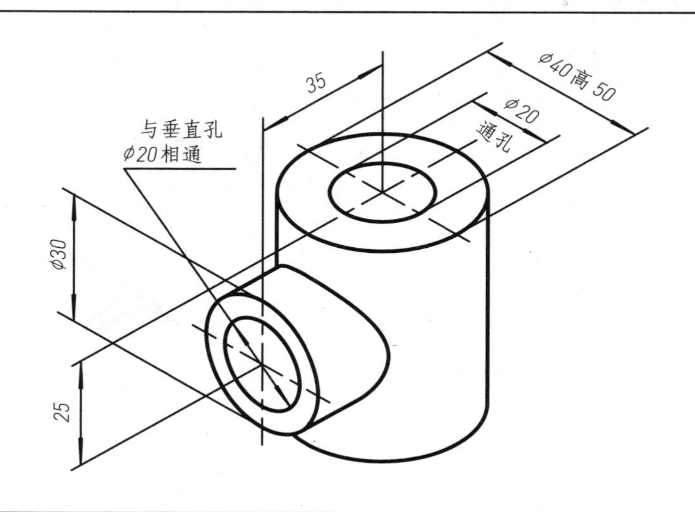

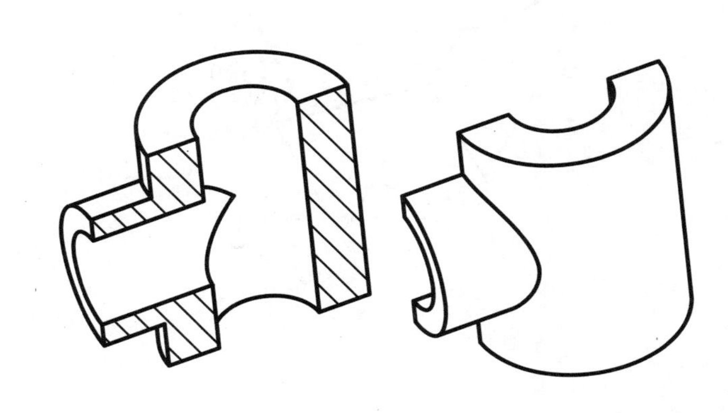

3-5　构造集合体。

（1）

（2）

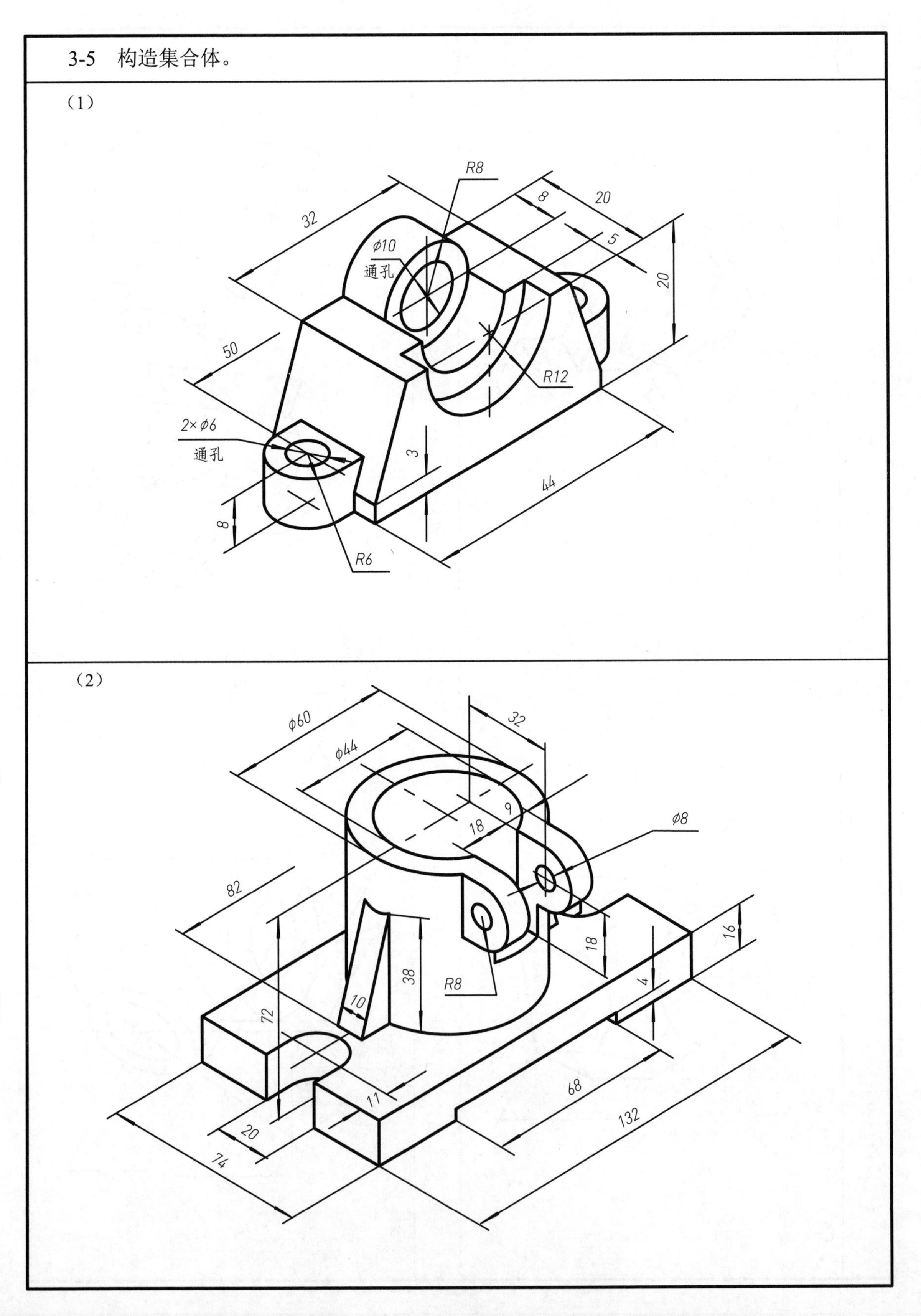

班级　　　　姓名　　　　学号

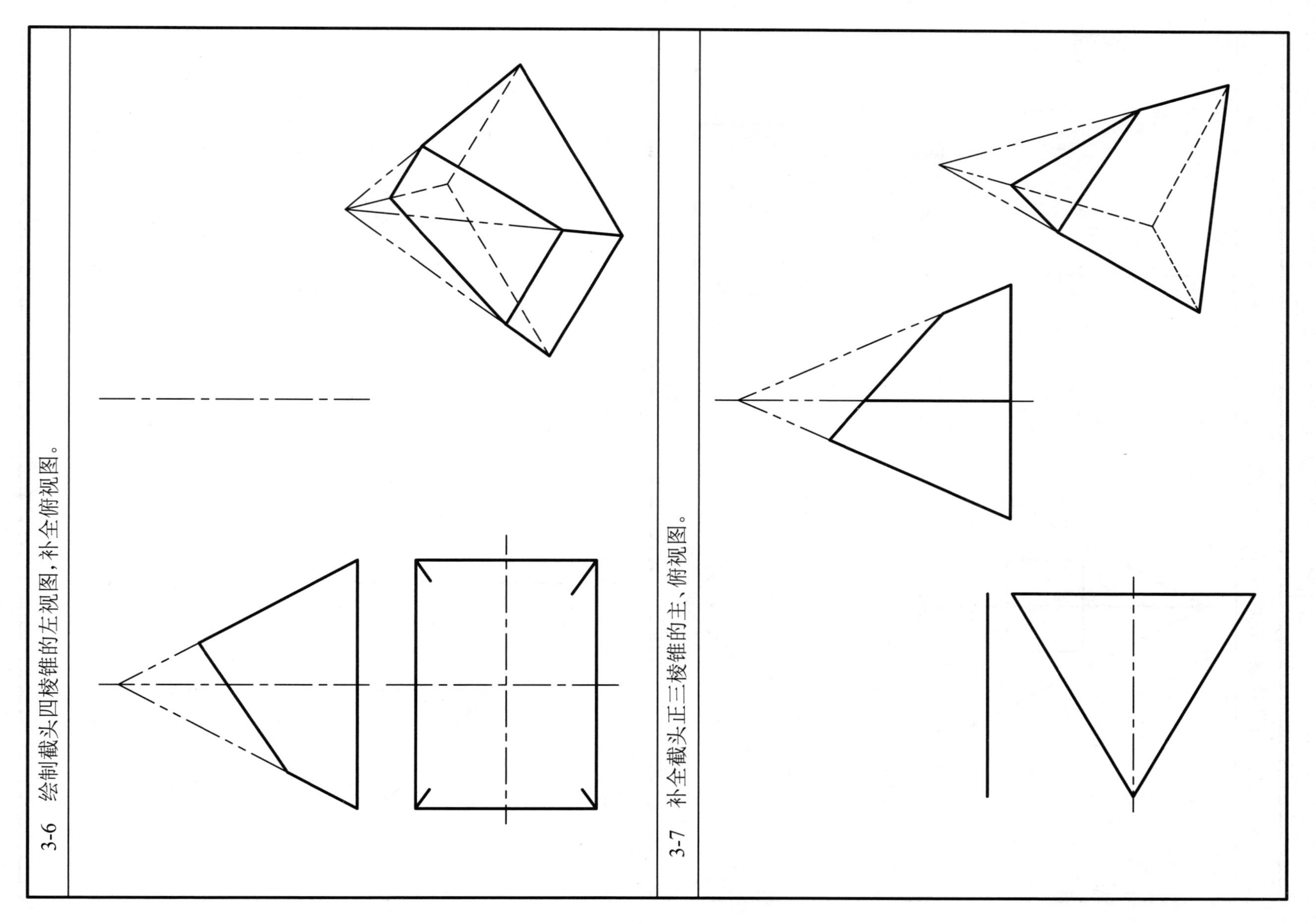
3-6　绘制截头四棱锥的左视图，补全俯视图。
3-7　补全截头正三棱锥的主、俯视图。

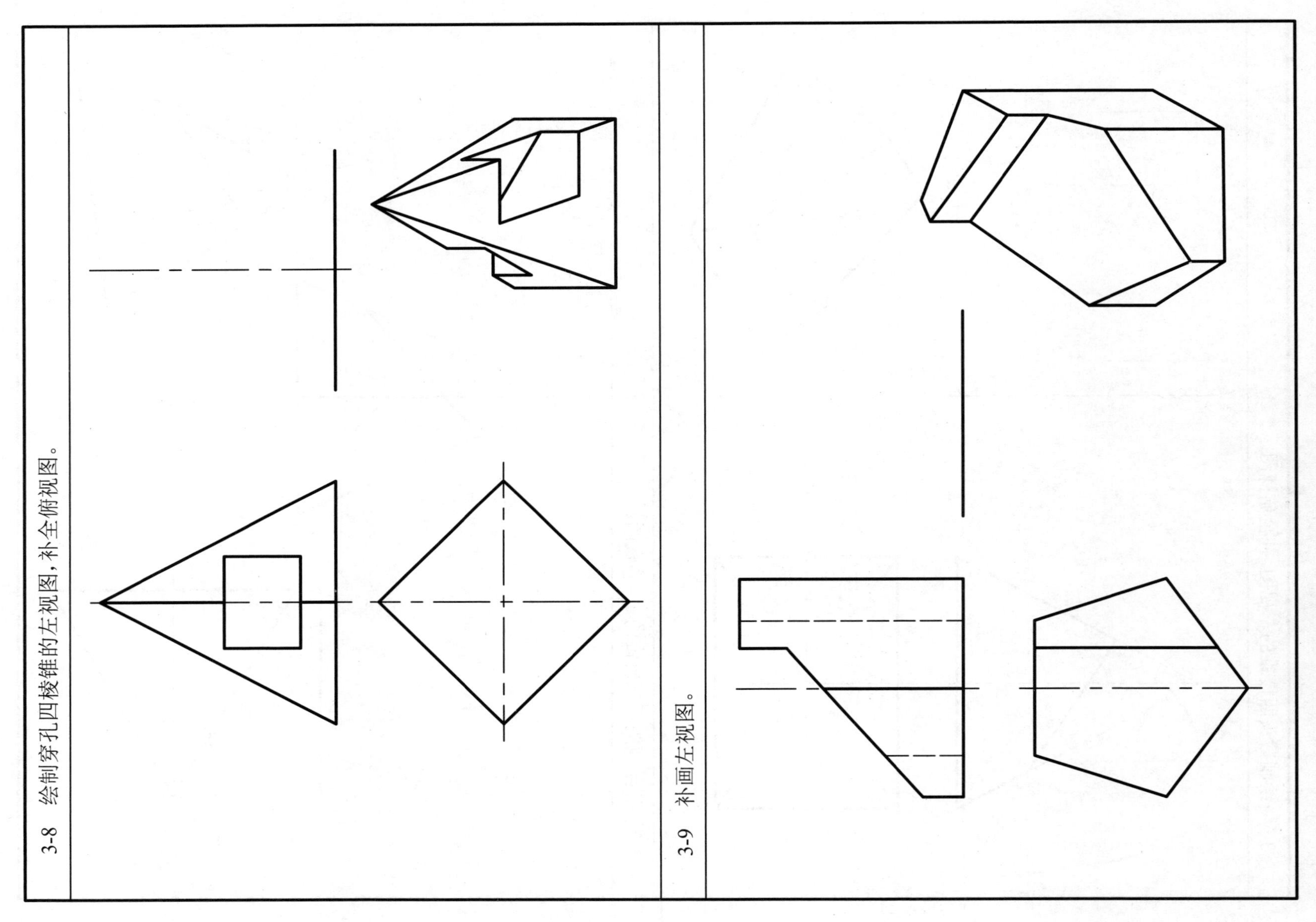

班级　　　　姓名　　　　学号

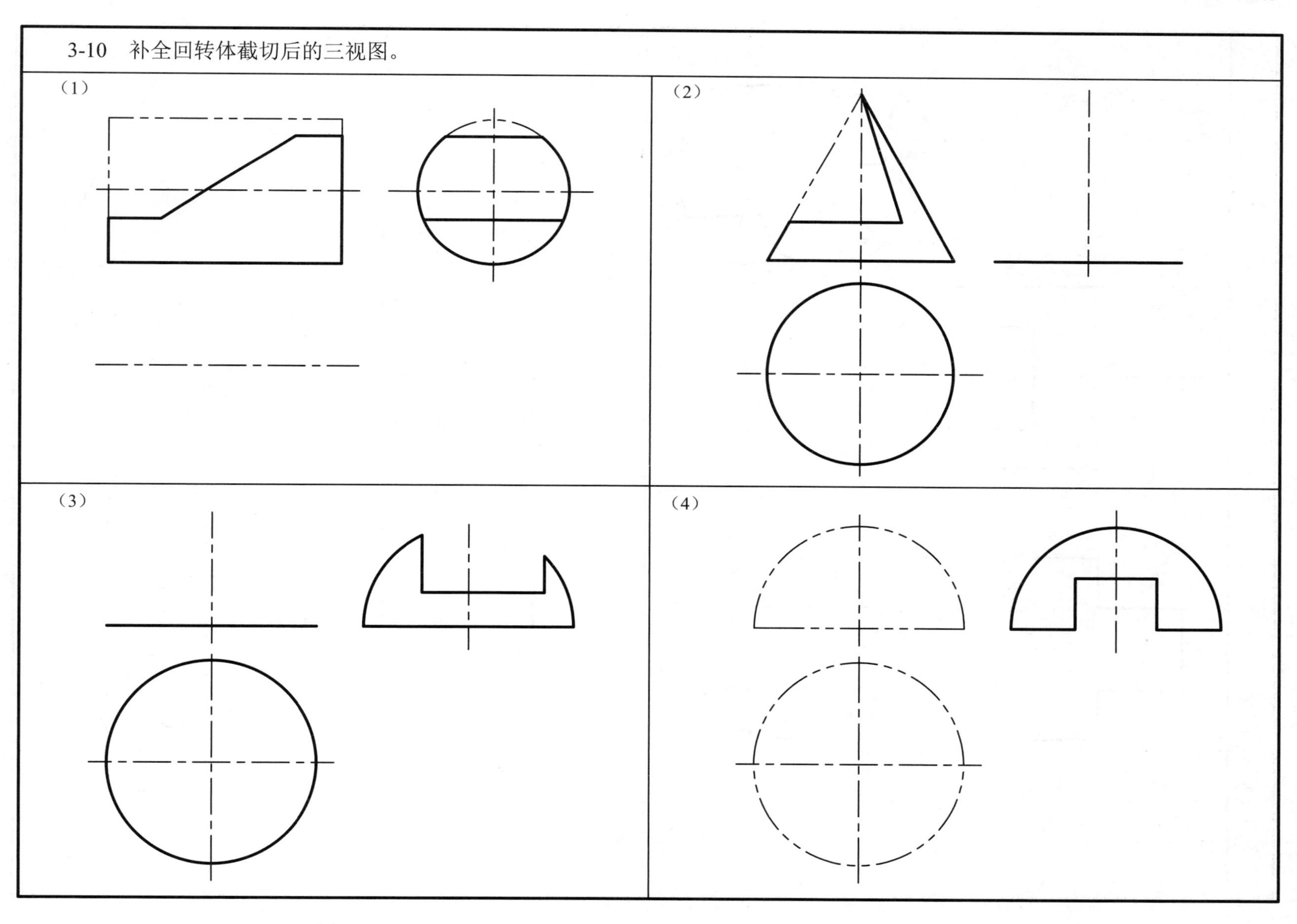

班级　　　　　　　　姓名　　　　　　　　学号

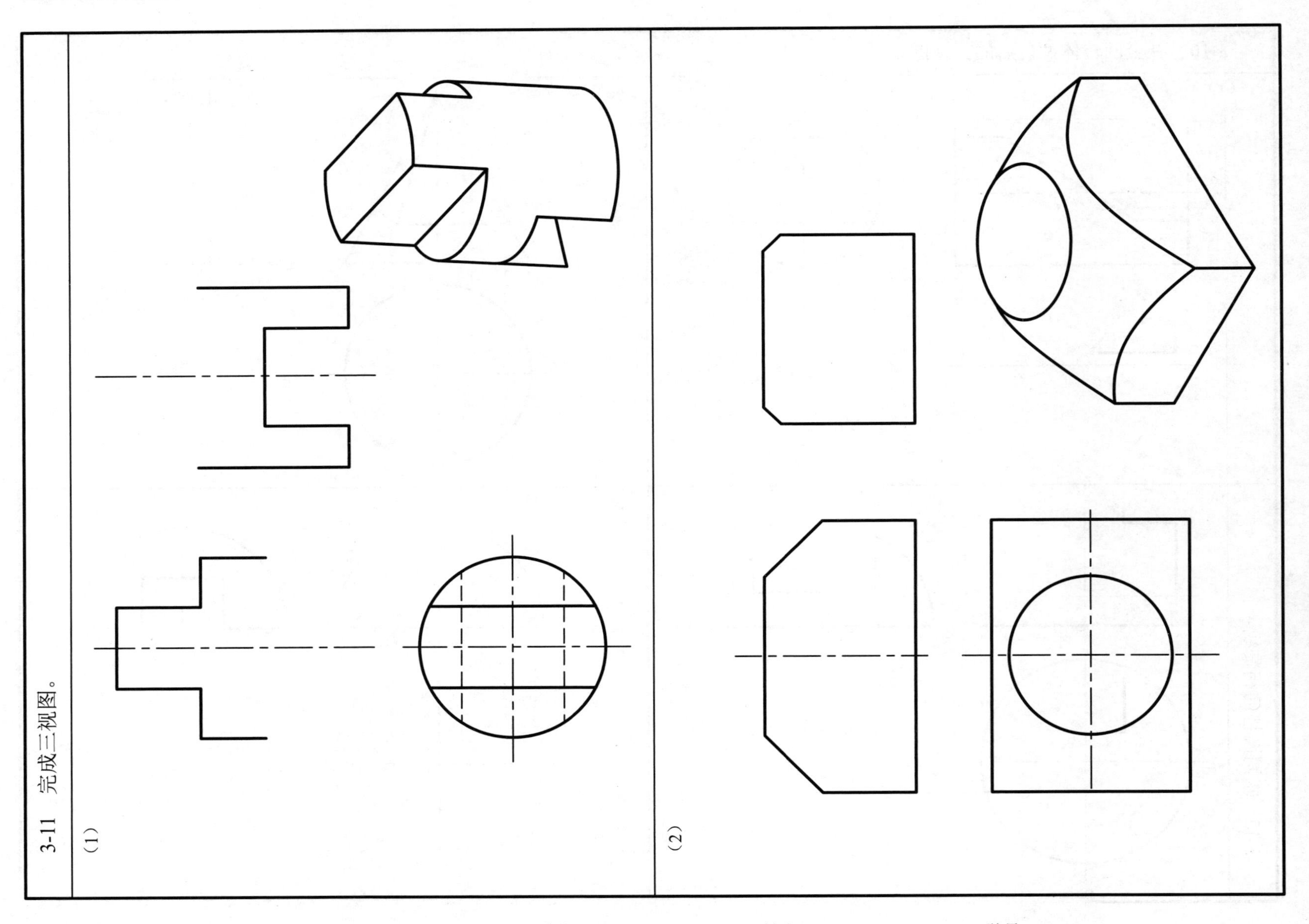

班级　　姓名　　学号

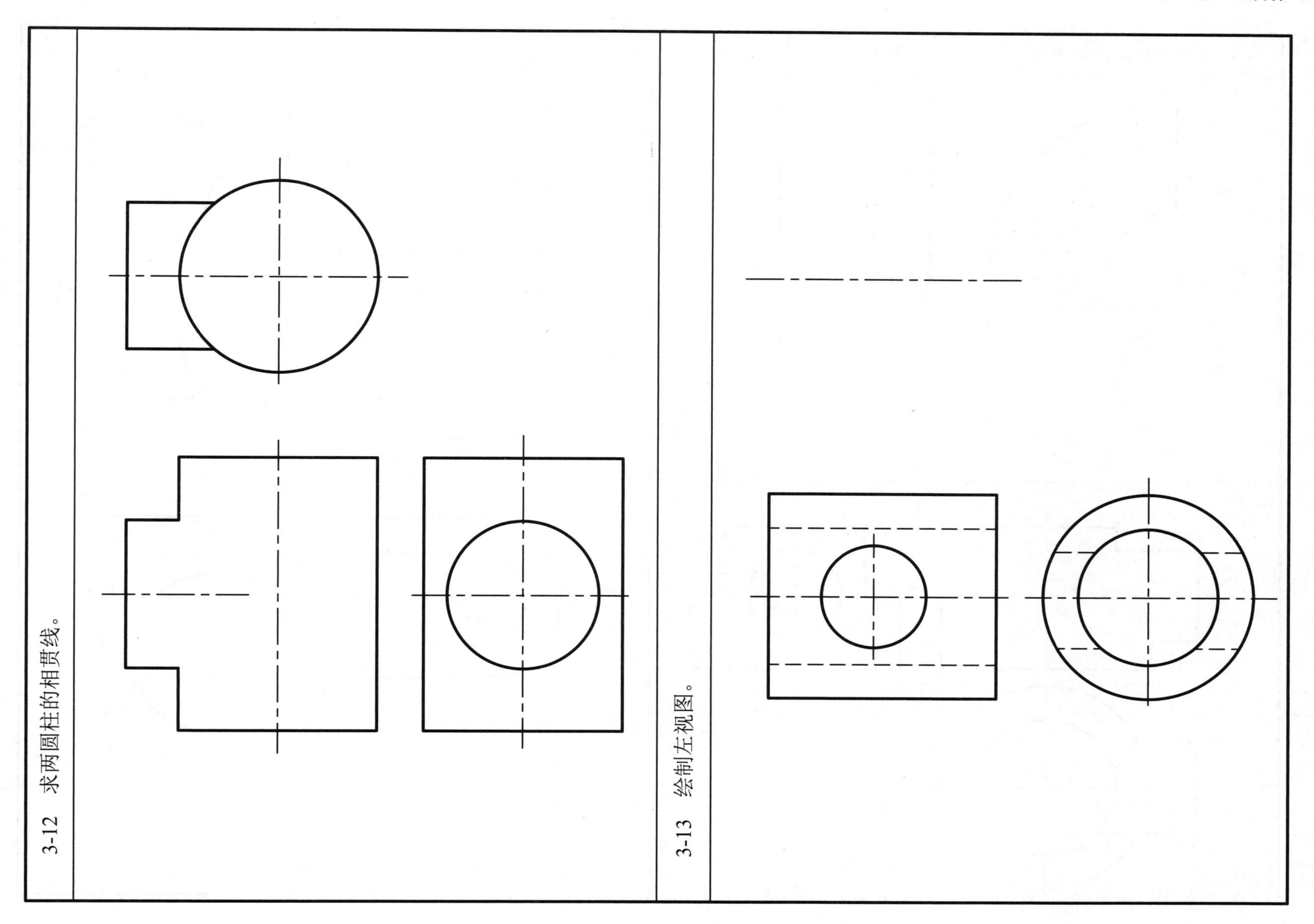
3-12　求两圆柱的相贯线。
3-13　绘制左视图。

3-14　分析集合体表面交线，补全视图中的图线。

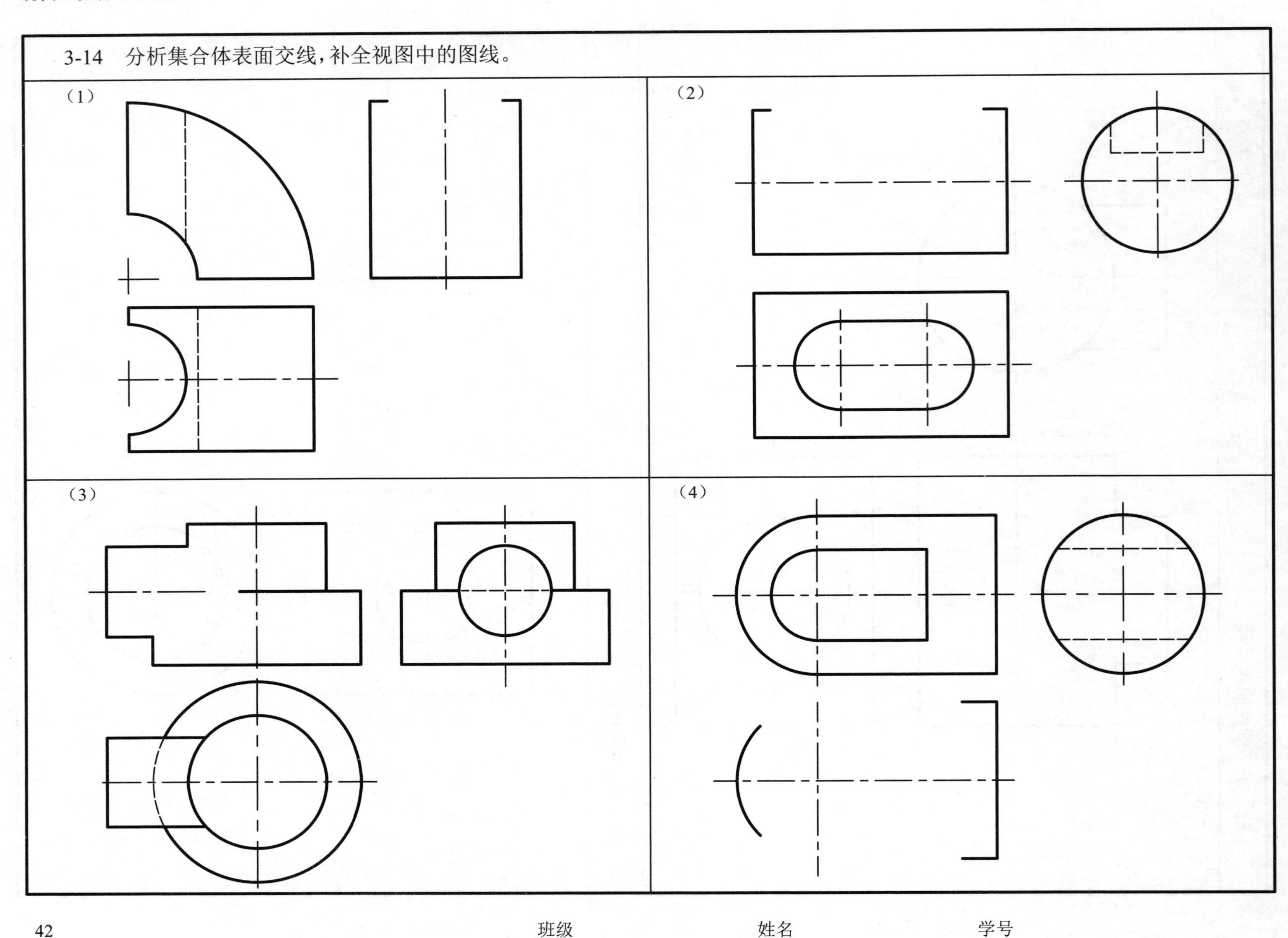

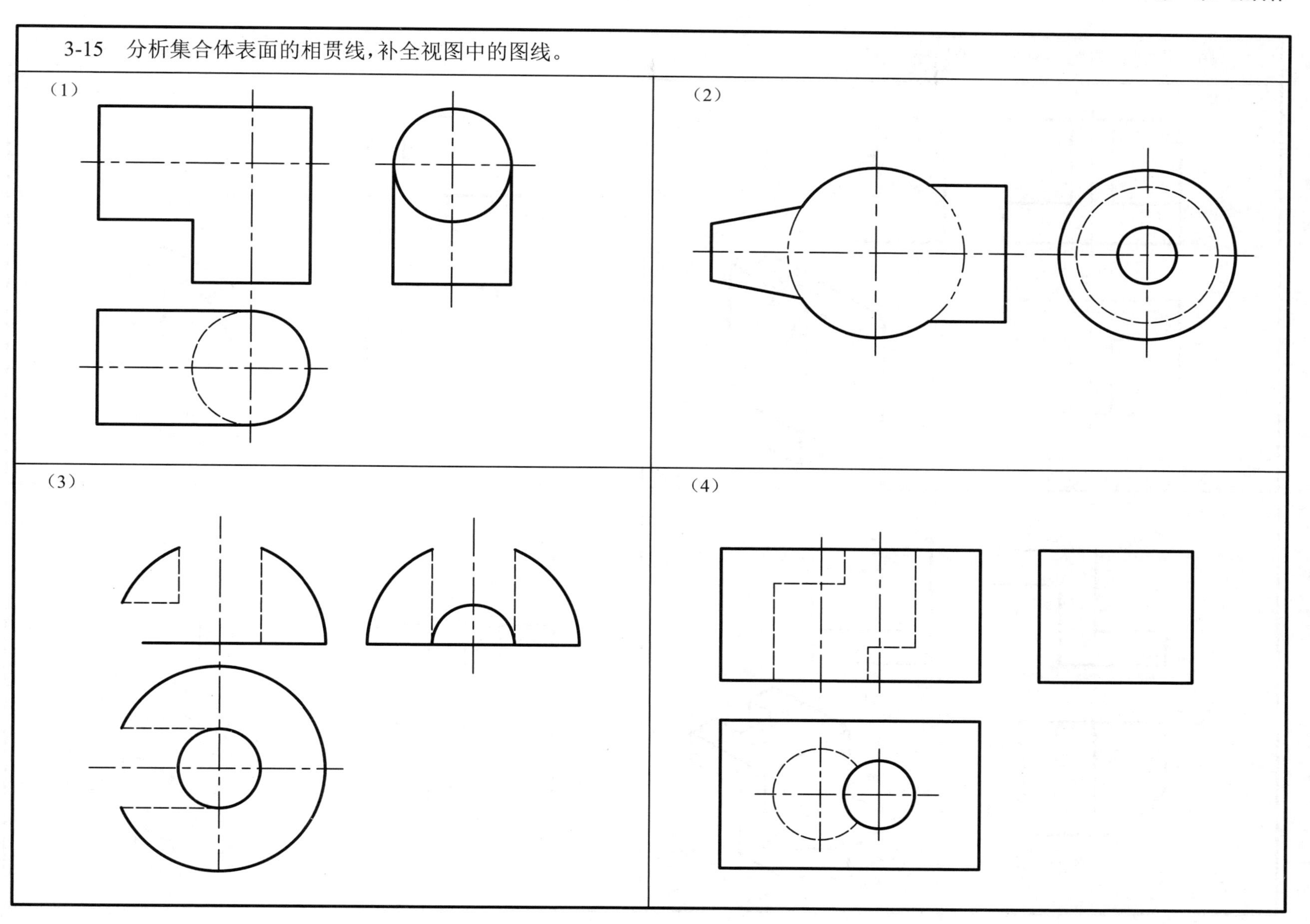
3-15　分析集合体表面的相贯线，补全视图中的图线。
(1)
(2)
(3)
(4)

3-16 根据直观图，补画三视图中漏画的图线。

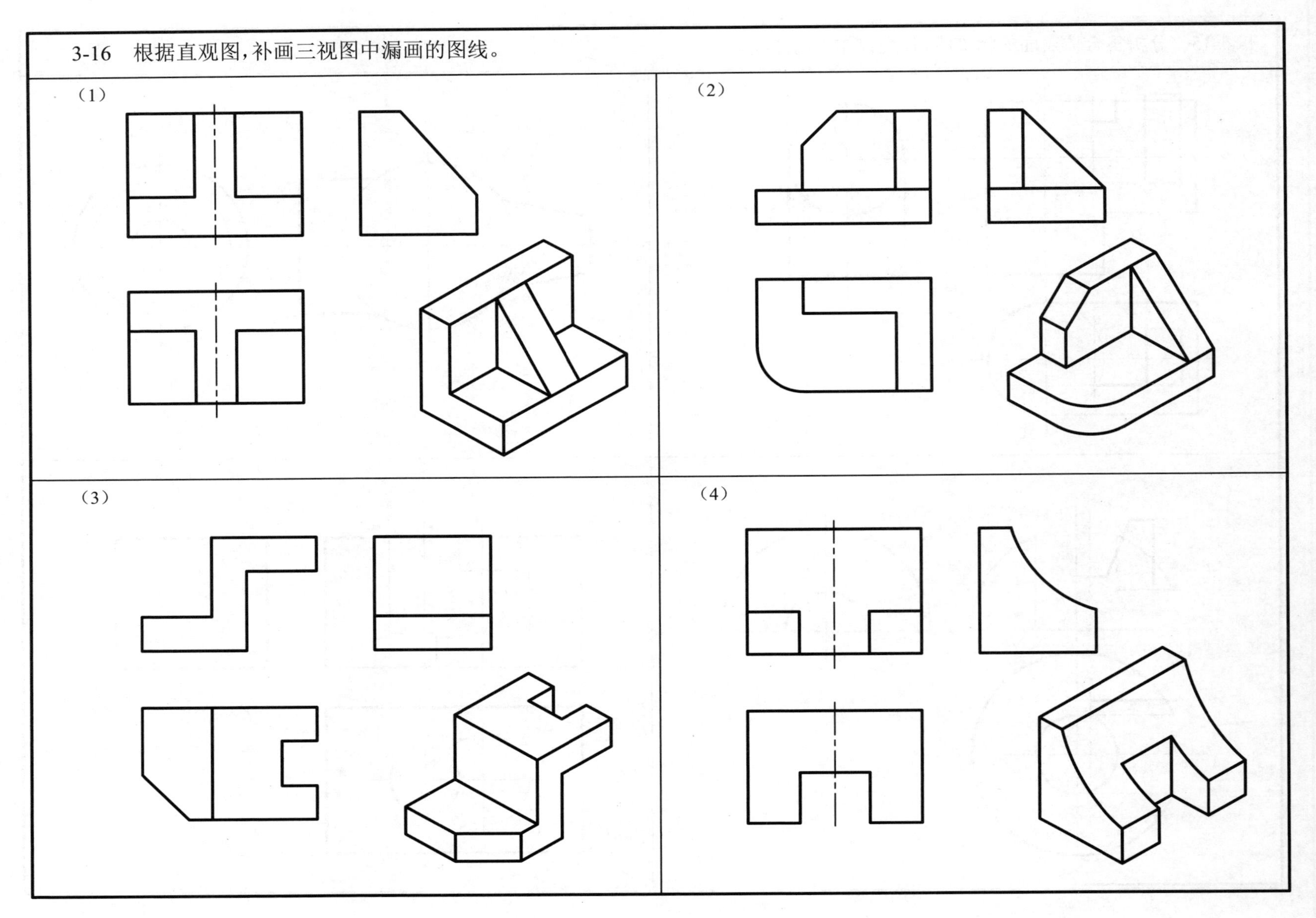

3-17　画出集合体的第三视图。

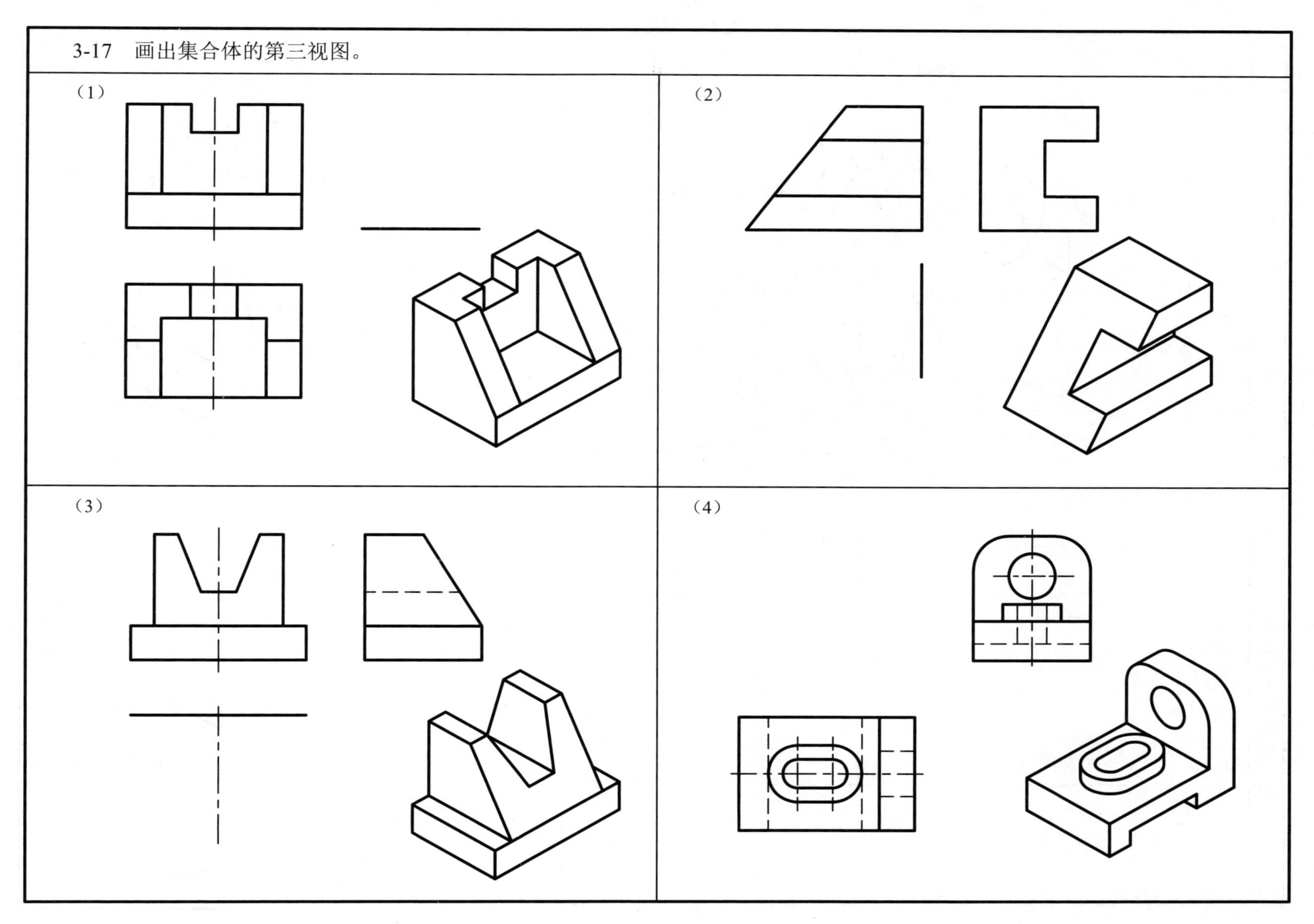

班级　　　　姓名　　　　学号

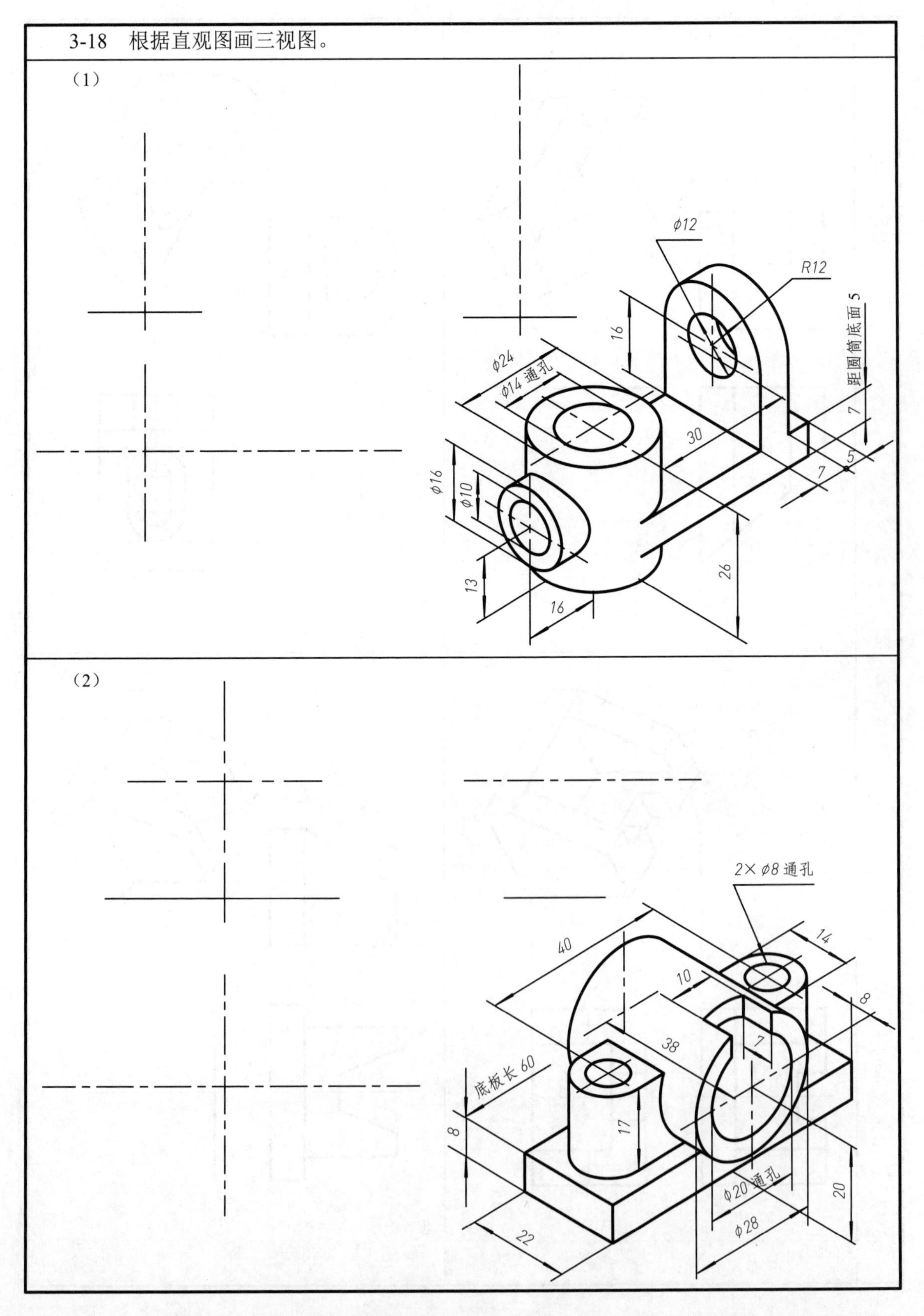
3-18 根据直观图画三视图。
（1）
φ12
R12
距圆筒底面 5
16
φ24
φ14 通孔
30
7
5
7
φ16
φ10
13
16
26
（2）
2× φ8 通孔
14
40
10
8
38
7
底板长 60
8
17
φ20 通孔
20
φ28
22

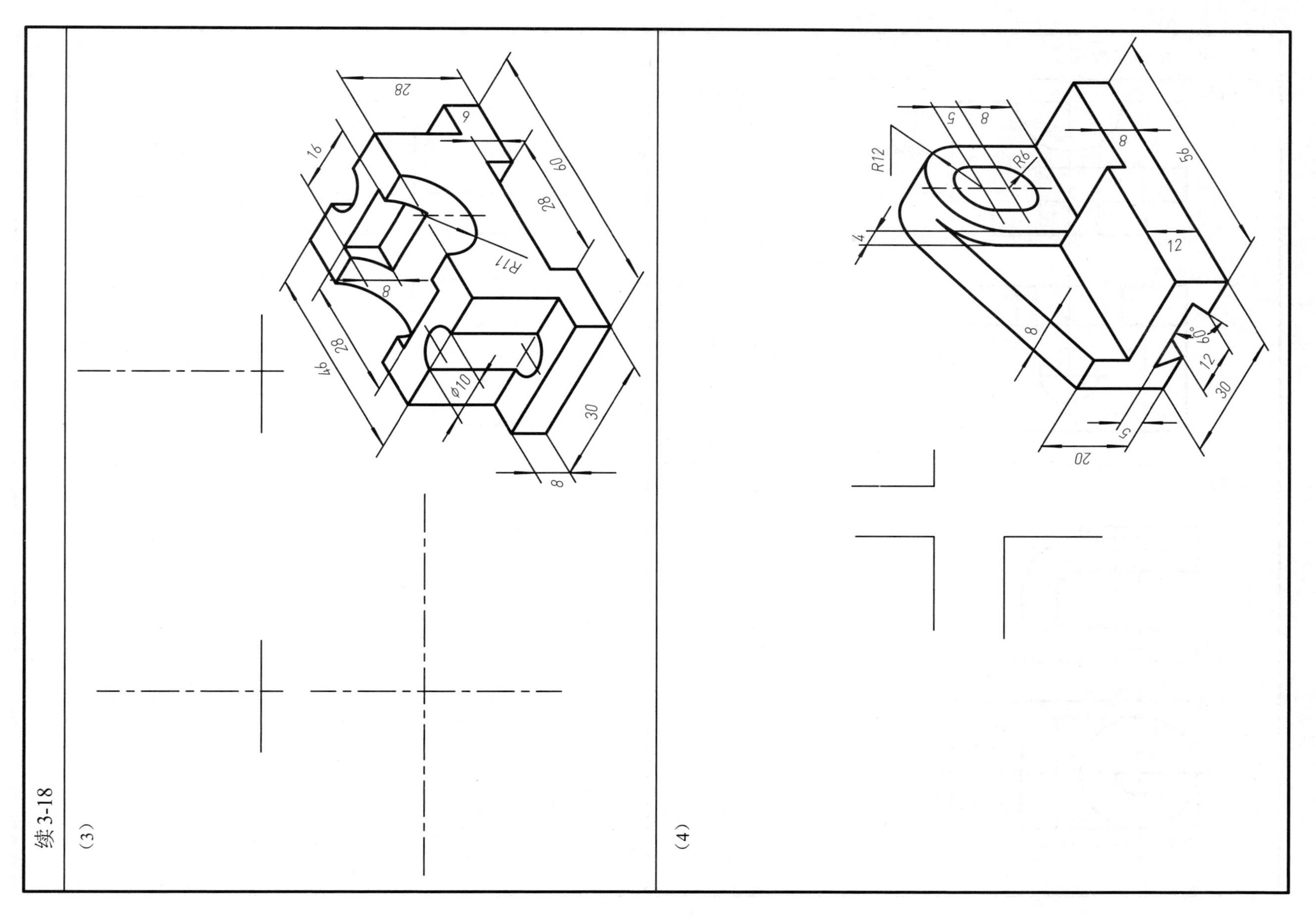
续3-18
（3）
（4）
28
6
16
60
28
R11
8
28
46
φ10
30
8
5
8
R12
R6
8
56
4
12
8
60°
12
30
5
20

3-19 补画左视图。

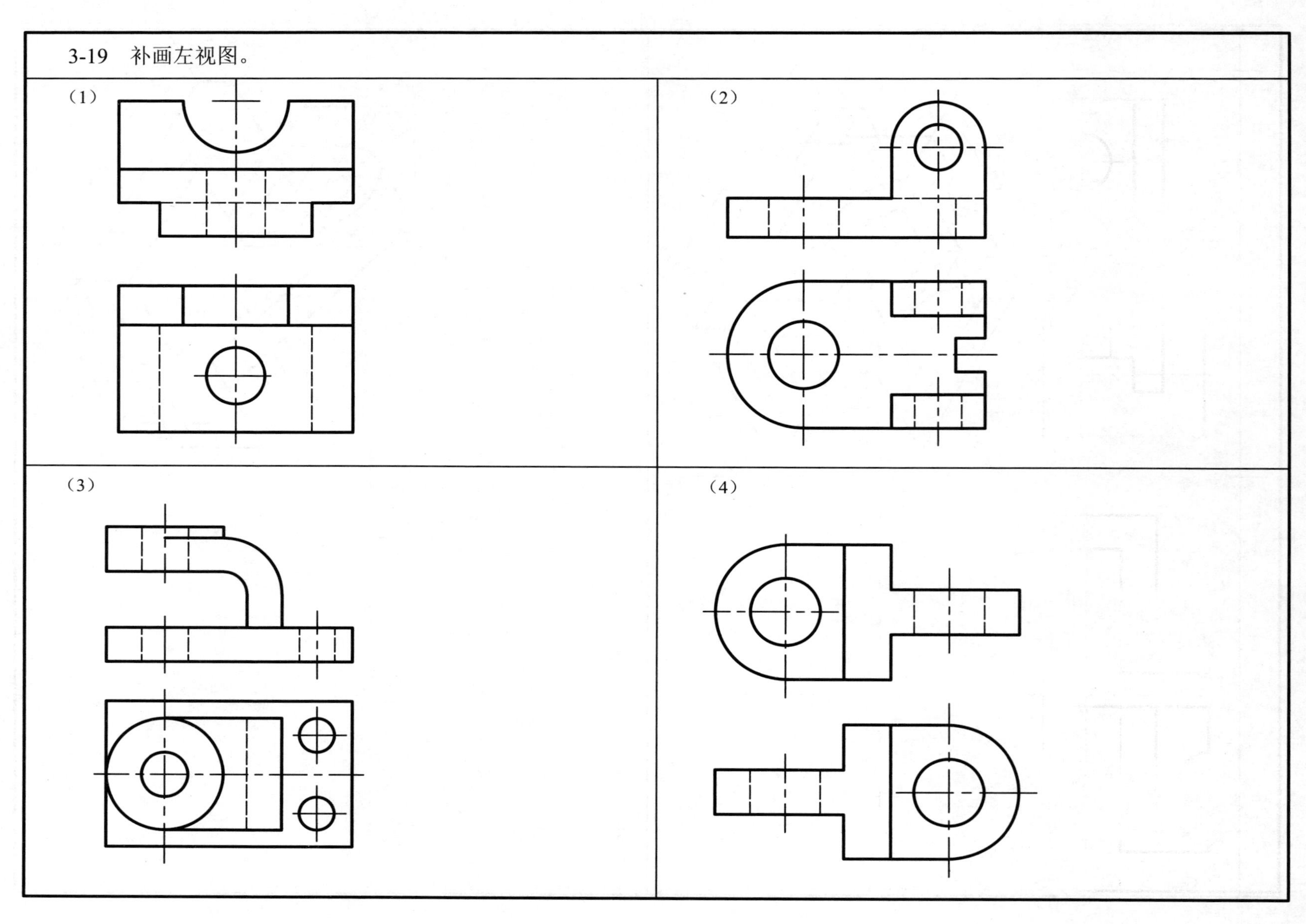

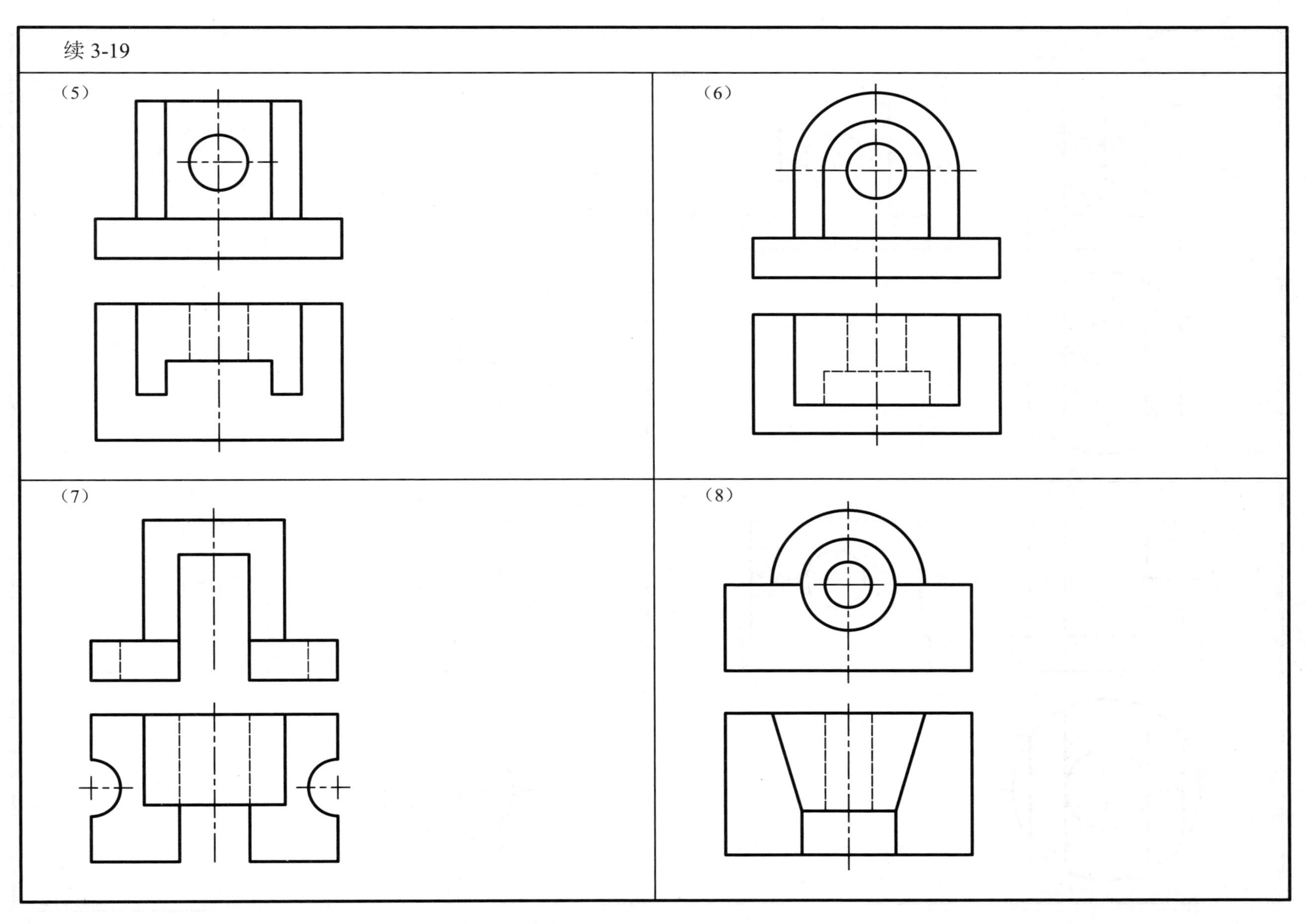
续 3-19
(5)
(6)
(7)
(8)

3-20 补画视图中漏画的图线。

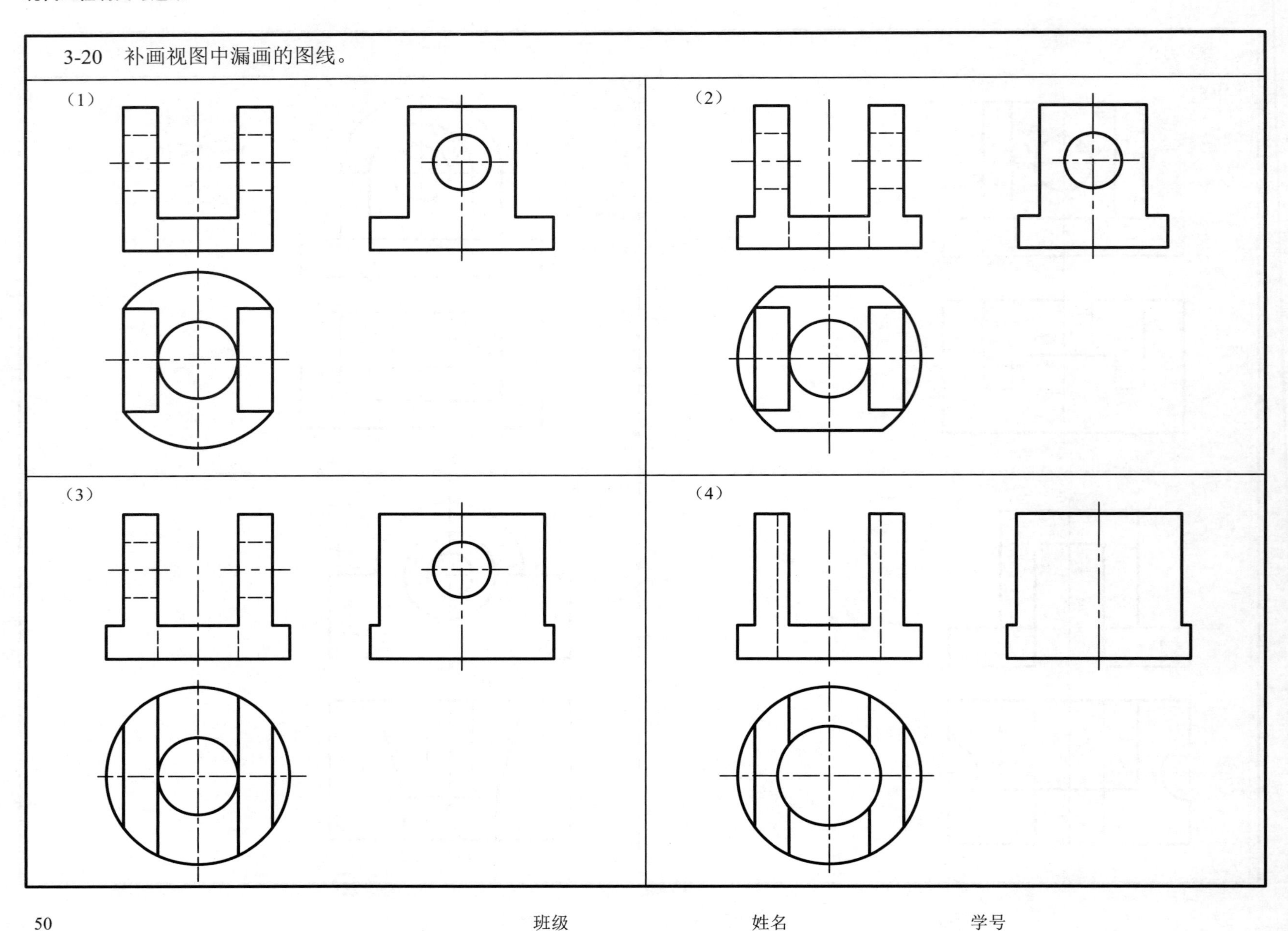

班级 姓名 学号

3-21　补画主视图中漏画的图线。

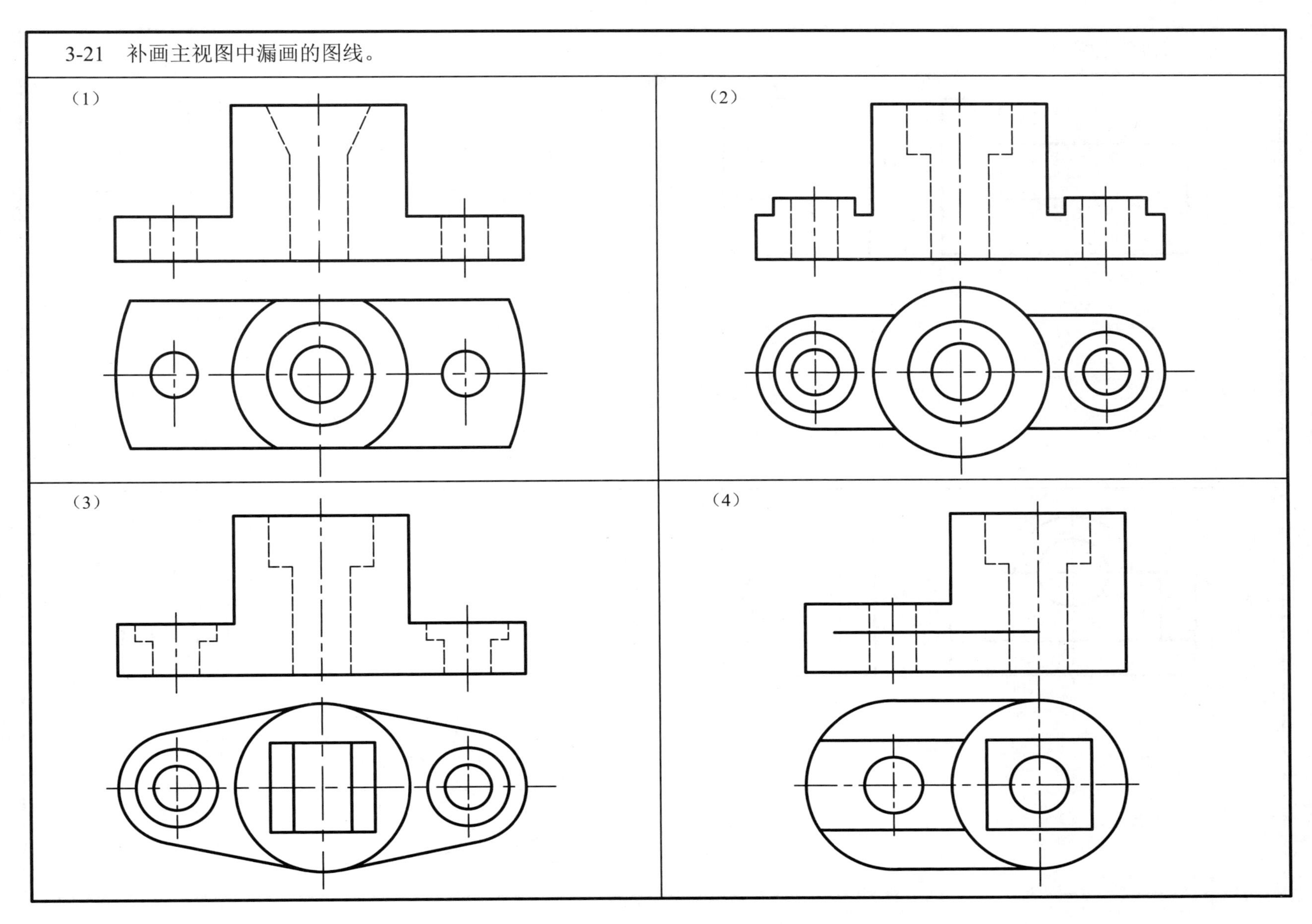

班级　　　　姓名　　　　学号

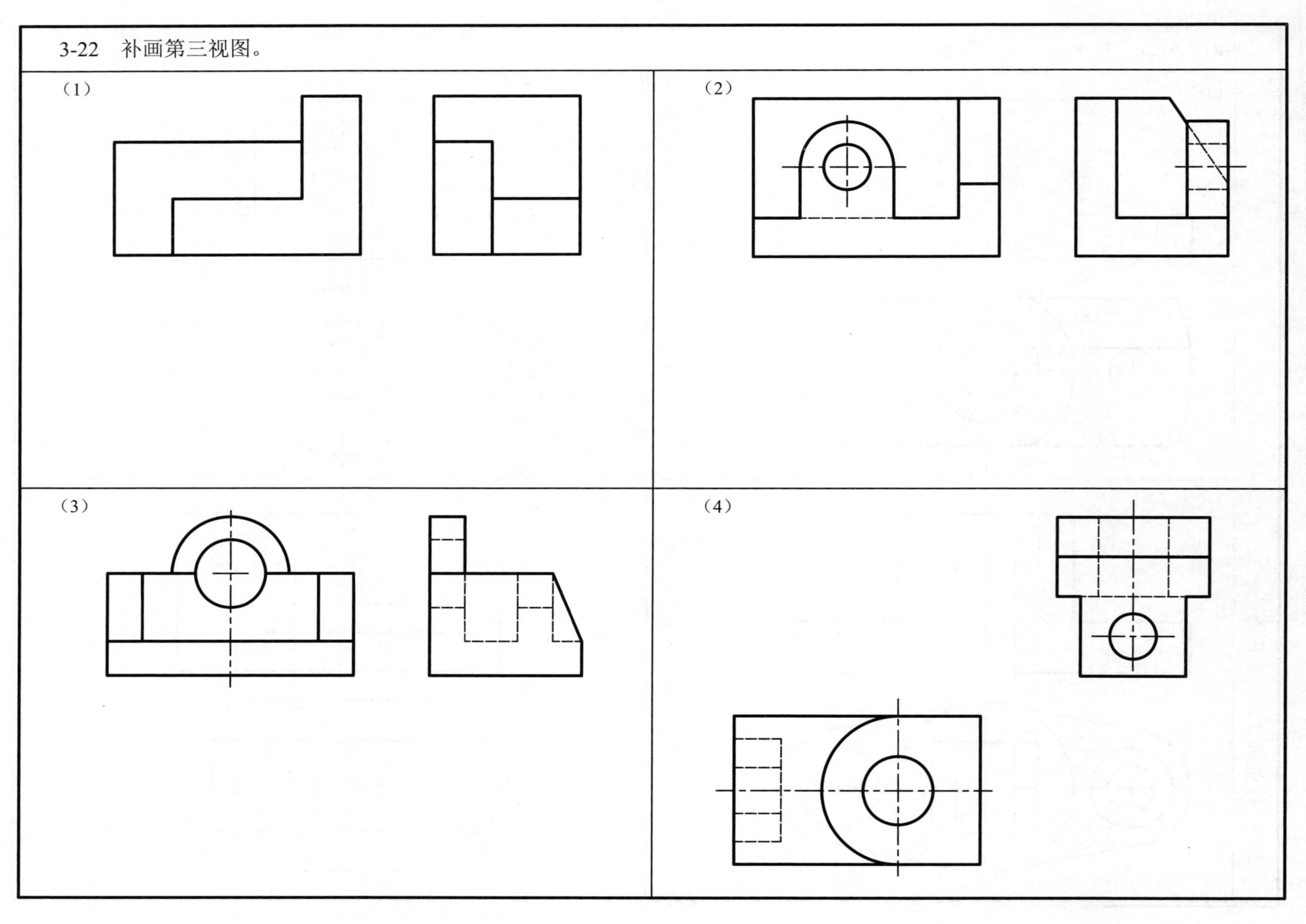

班级 姓名 学号

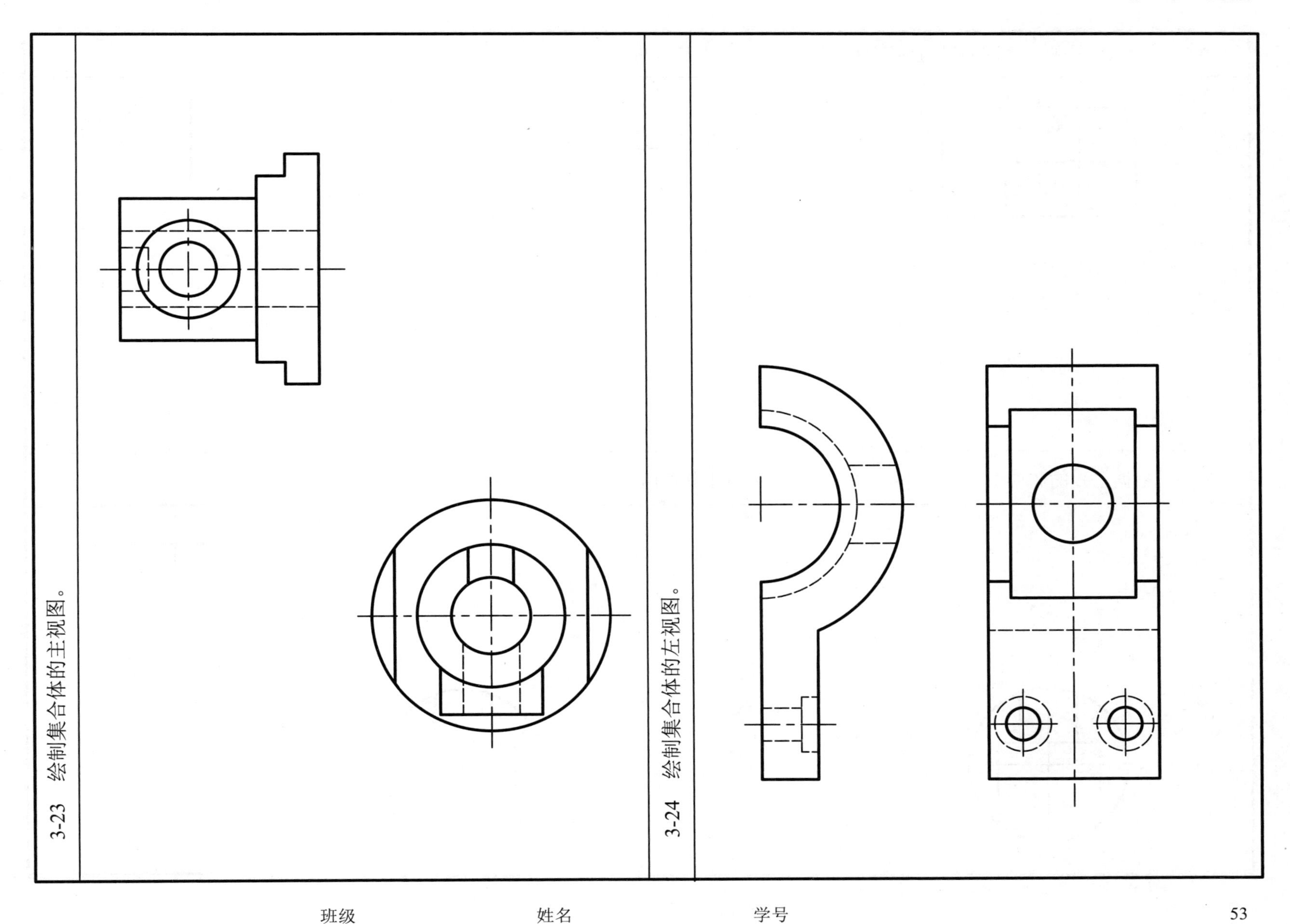
3-23　绘制集合体的主视图。
3-24　绘制集合体的左视图。

3-25　根据已知的主视图构思两种不同的集合体，并画出其他两个视图。

（1）

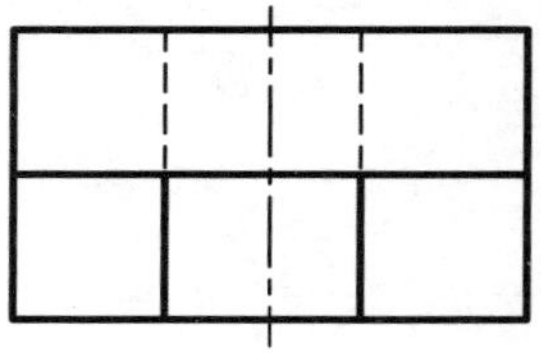

（2）

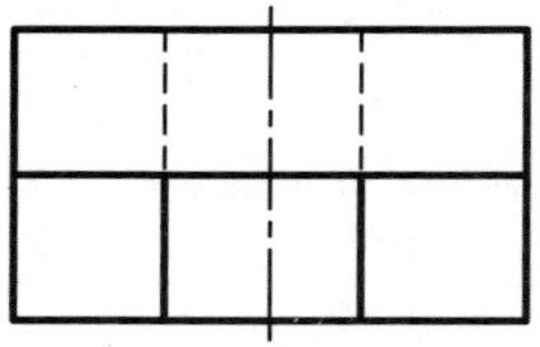

3-26　根据已知的俯视图构思两种不同的集合体，并画出其他两个视图。

（1）

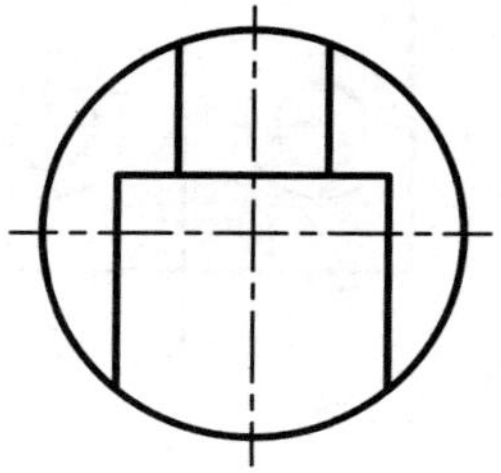

（2）

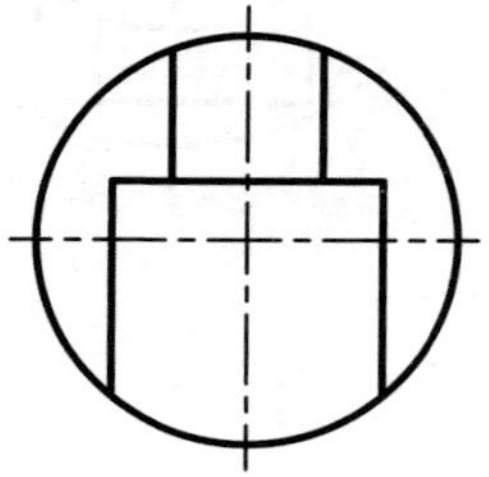

班级　　姓名　　学号

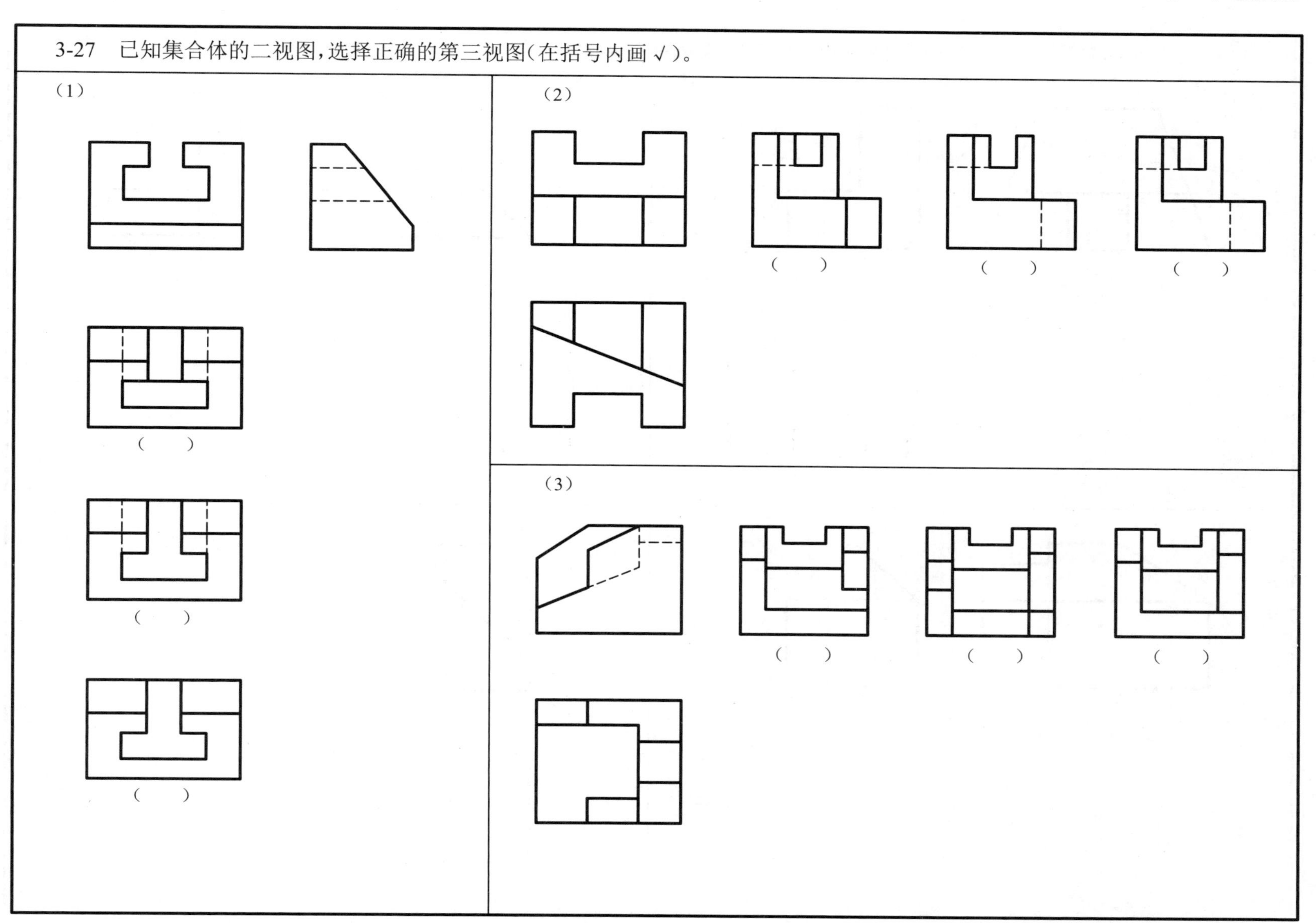
3-27　已知集合体的二视图，选择正确的第三视图（在括号内画 √）。
（1）
（　　）
（　　）
（　　）
（2）
（　　）
（　　）
（　　）
（3）
（　　）
（　　）
（　　）

3-28 运用形体分析法和线面分析法思考集合体的形状，补画第三视图。

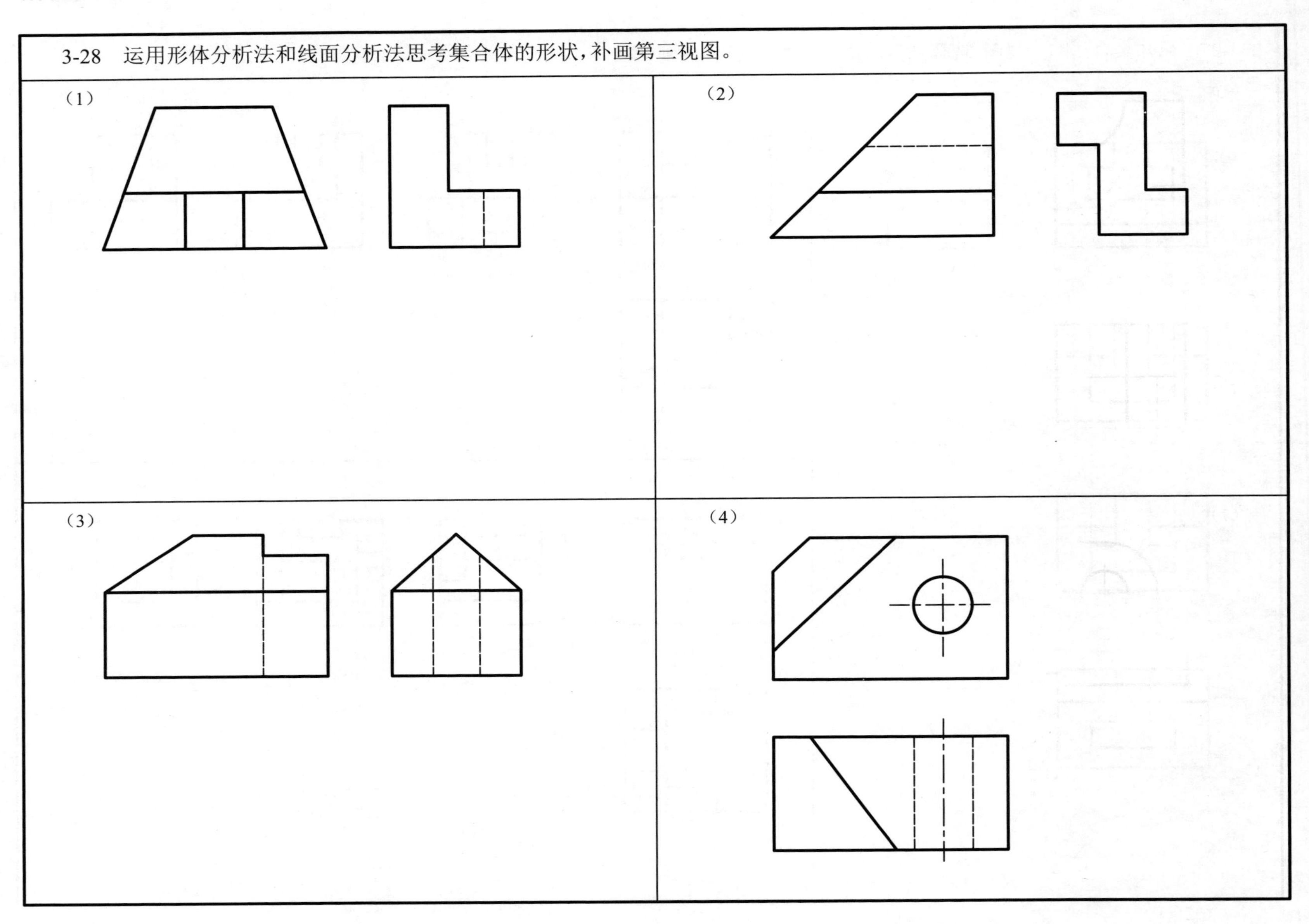

班级 姓名 学号

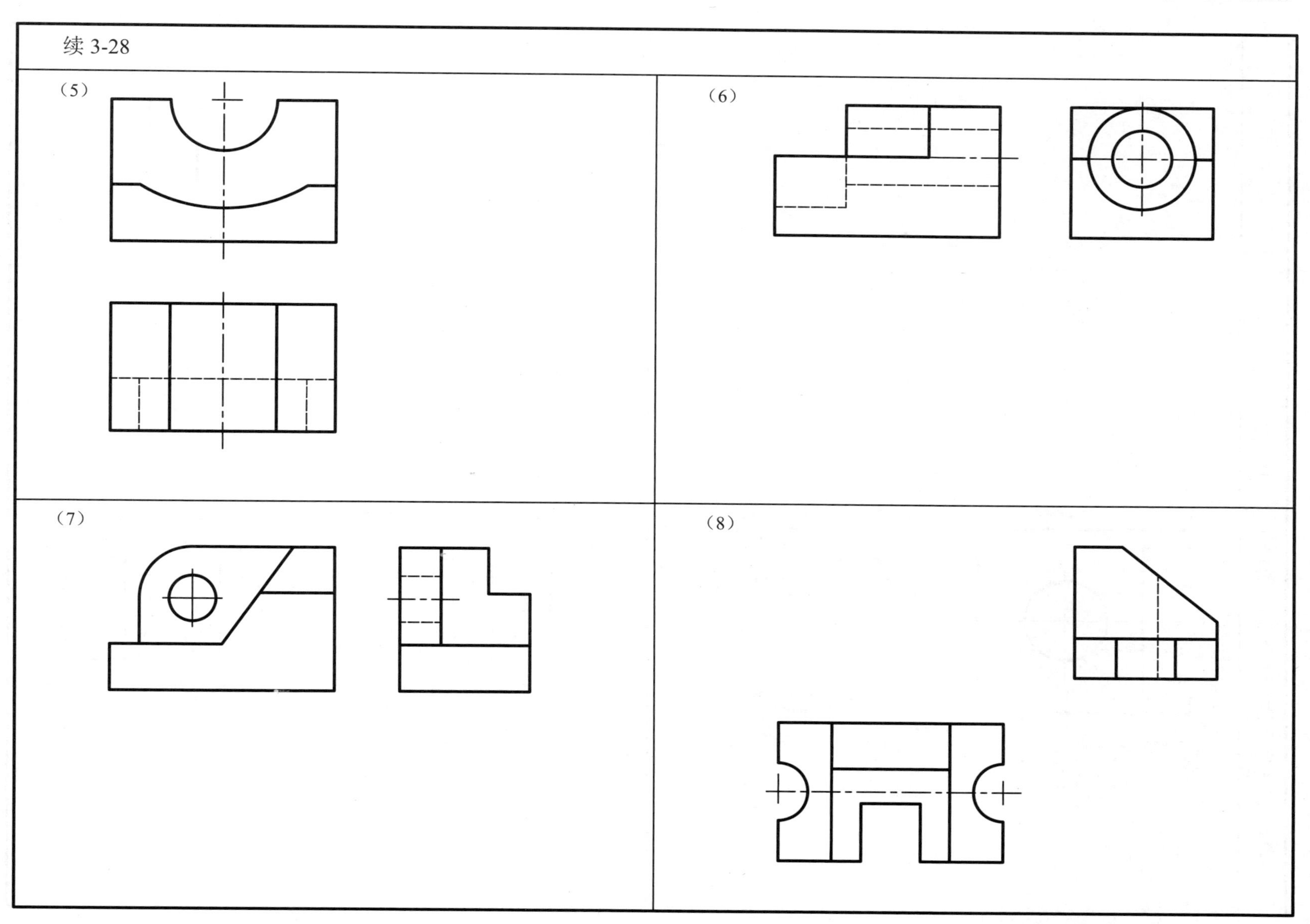
续 3-28
（5）
（6）
（7）
（8）

3-29 已知集合体的两个视图，补画第三视图。

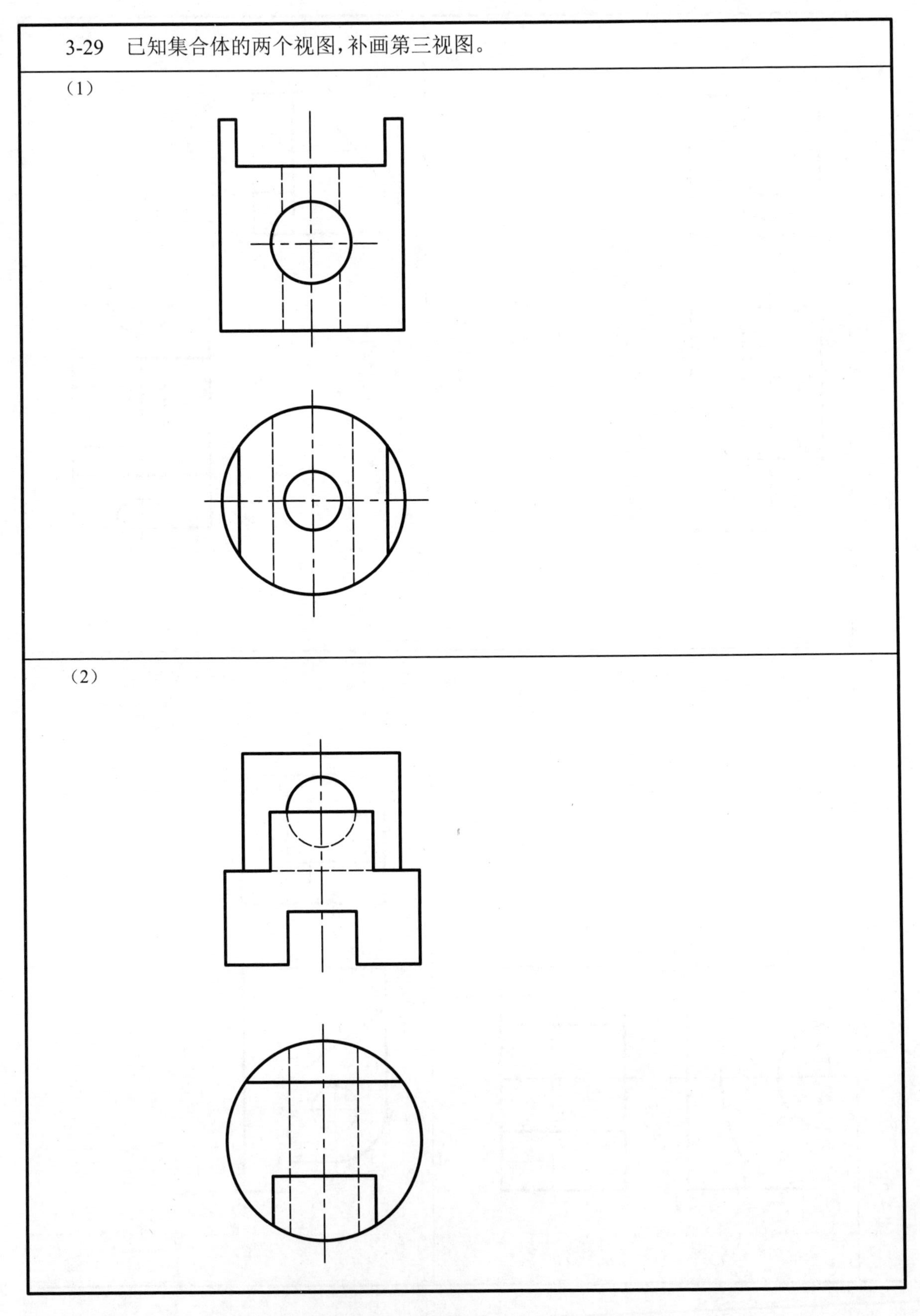

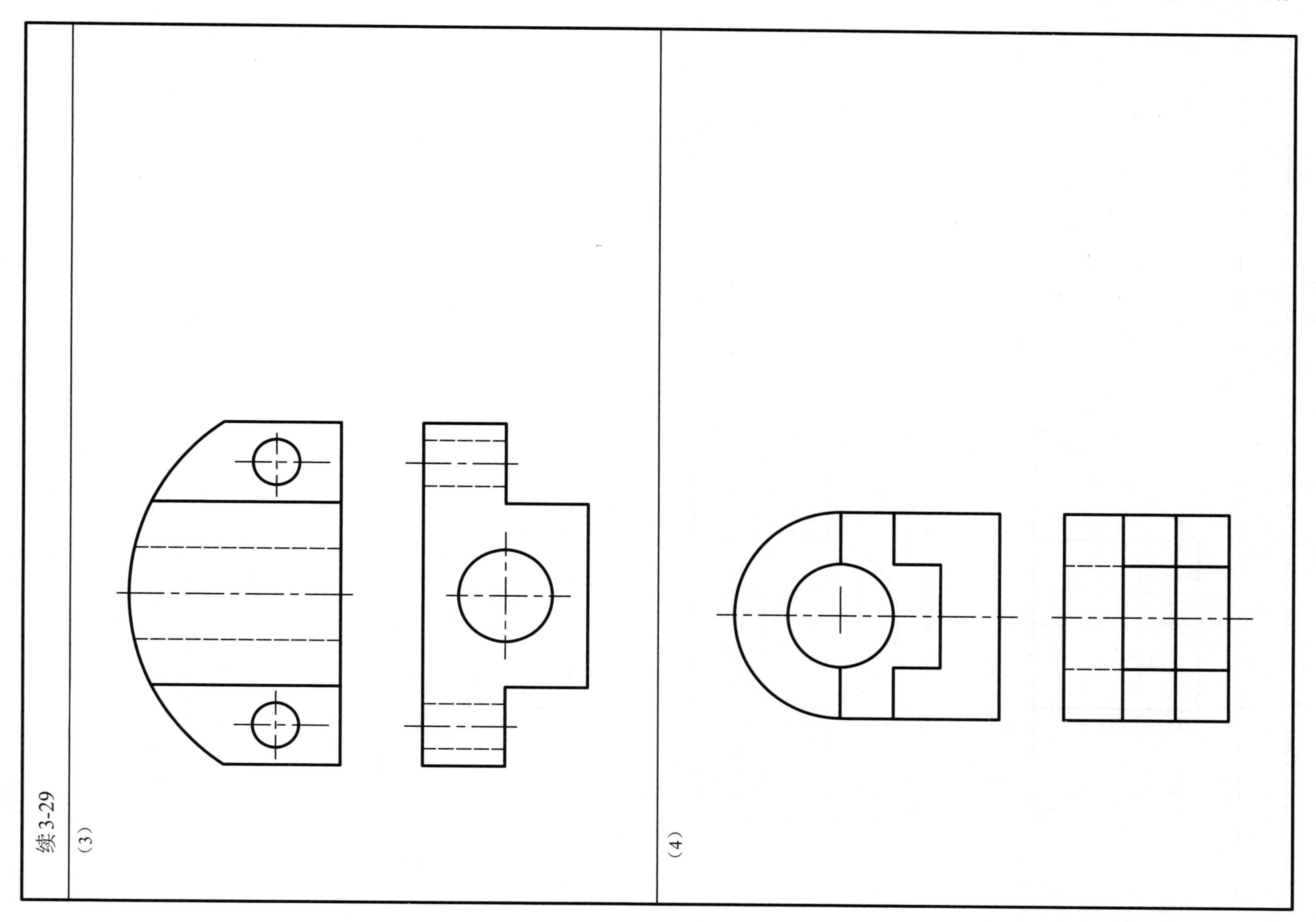

班级　　　　　　　姓名　　　　　　　学号

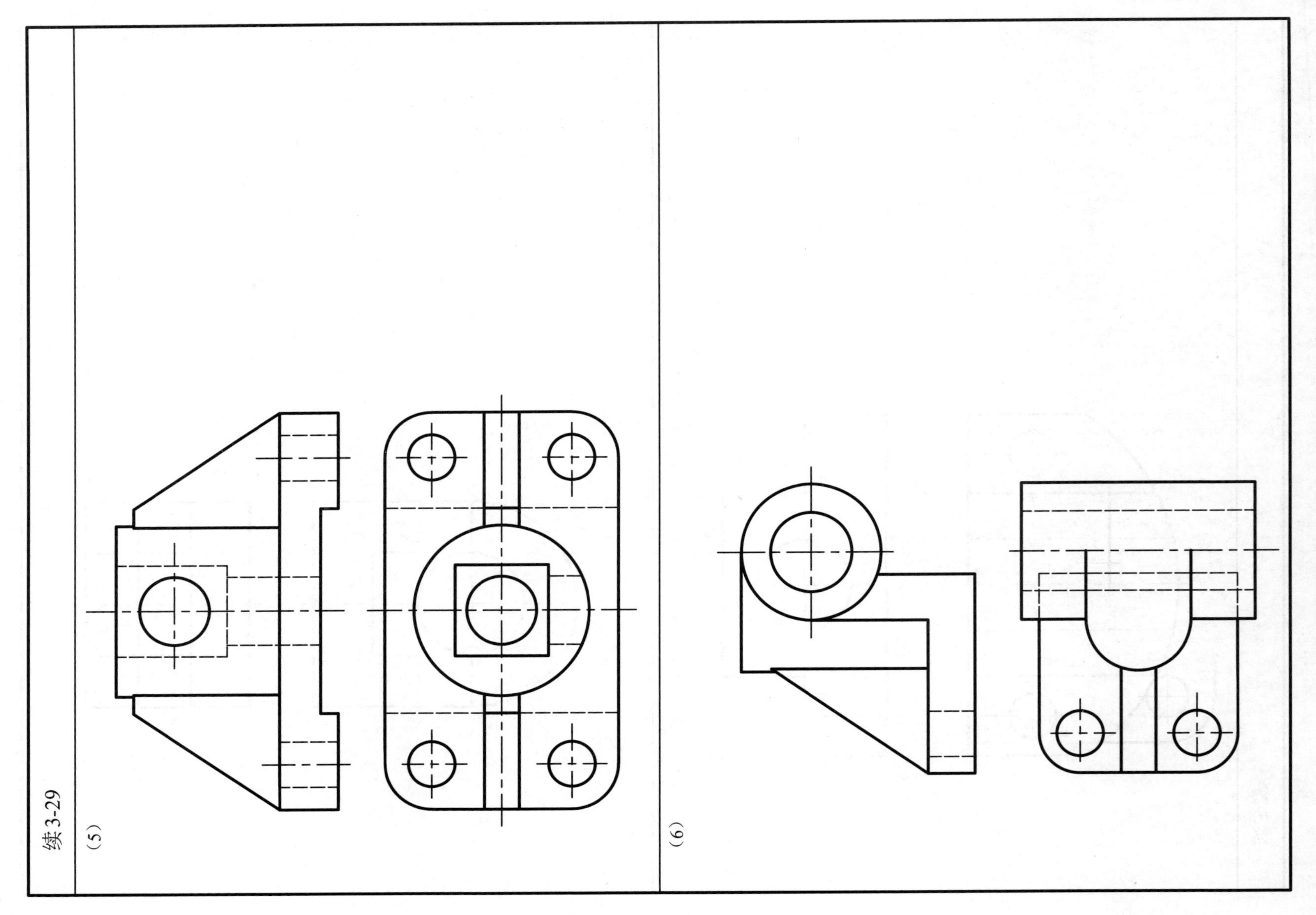

班级　　　　姓名　　　　学号

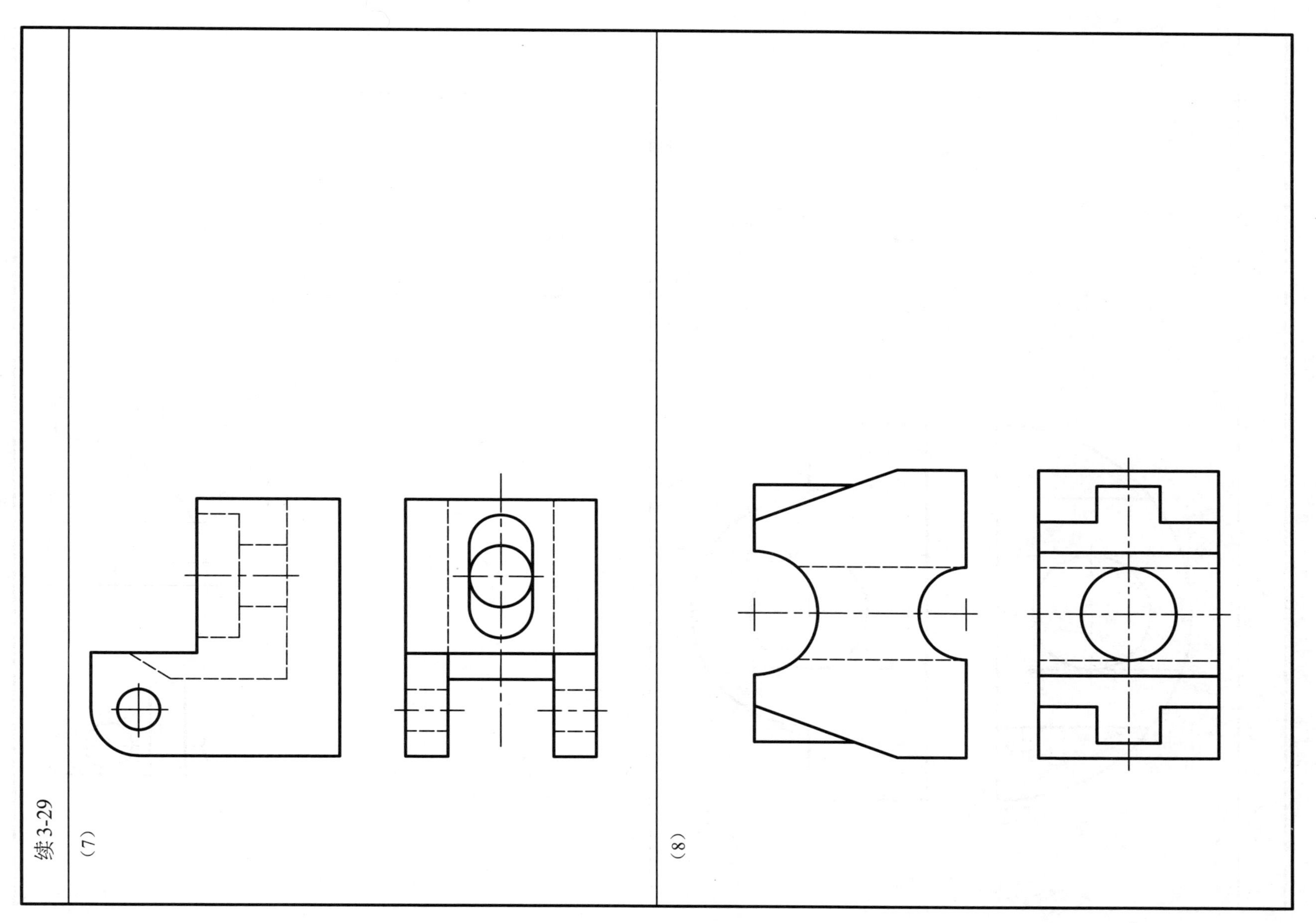

班级　　　　姓名　　　　学号

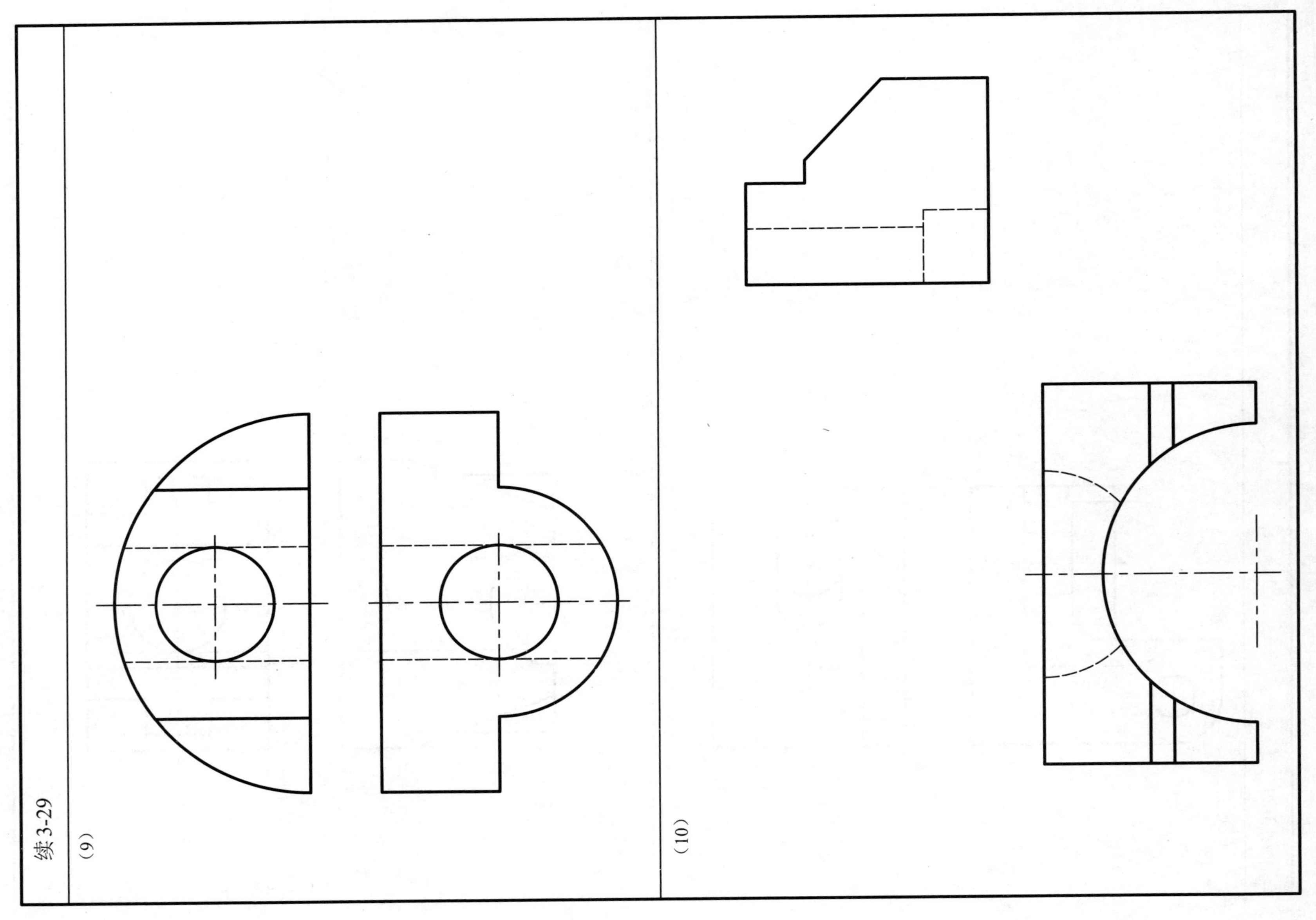

班级　　姓名　　学号

3-30　按 2 ∶ 1 的比例在 A3 图纸上绘制集合体的三视图。

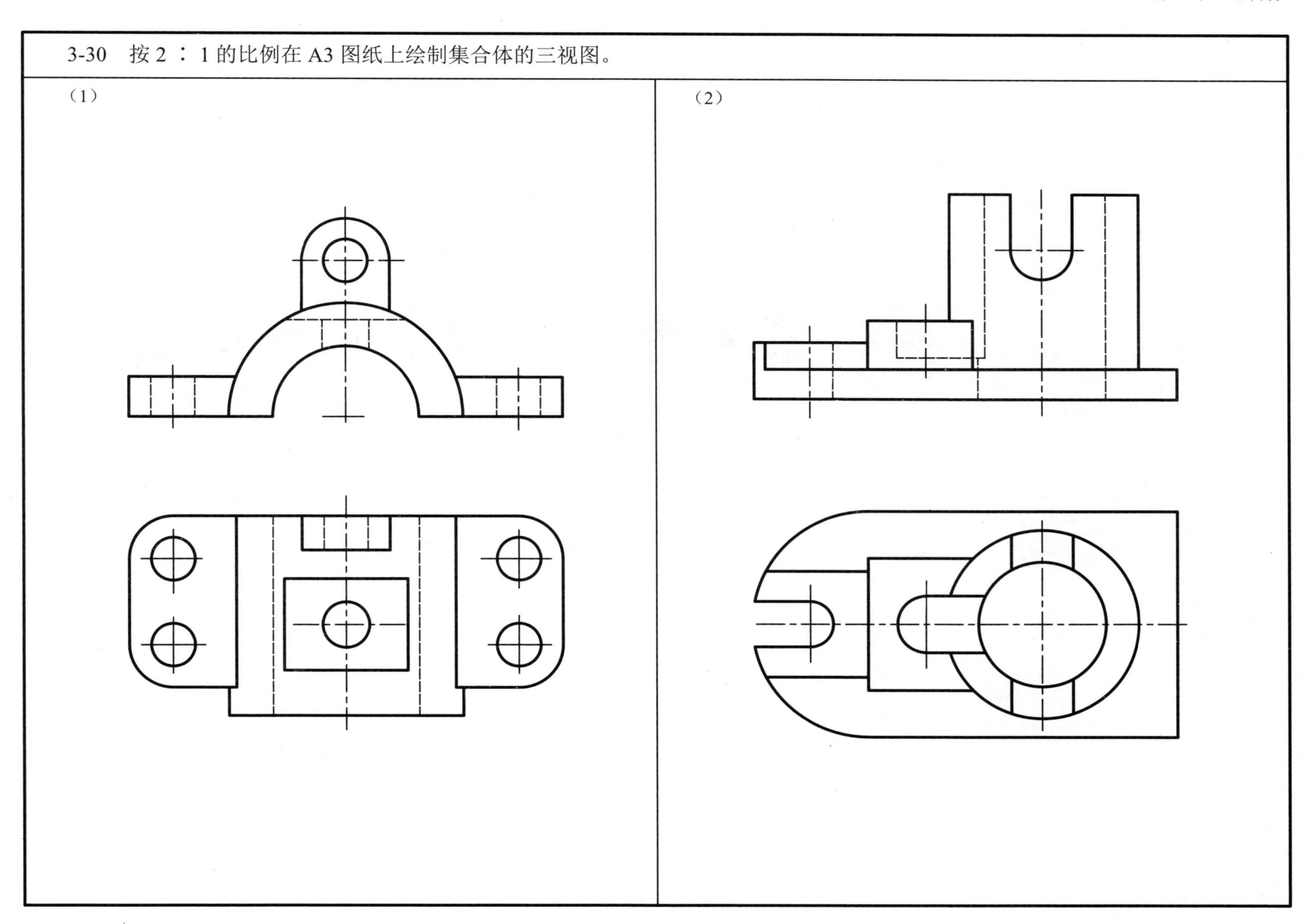

第 4 章　工程图尺寸标注

4-1　标注下列各平面图形的尺寸(数值按1 ∶ 1从图上量取整数)。

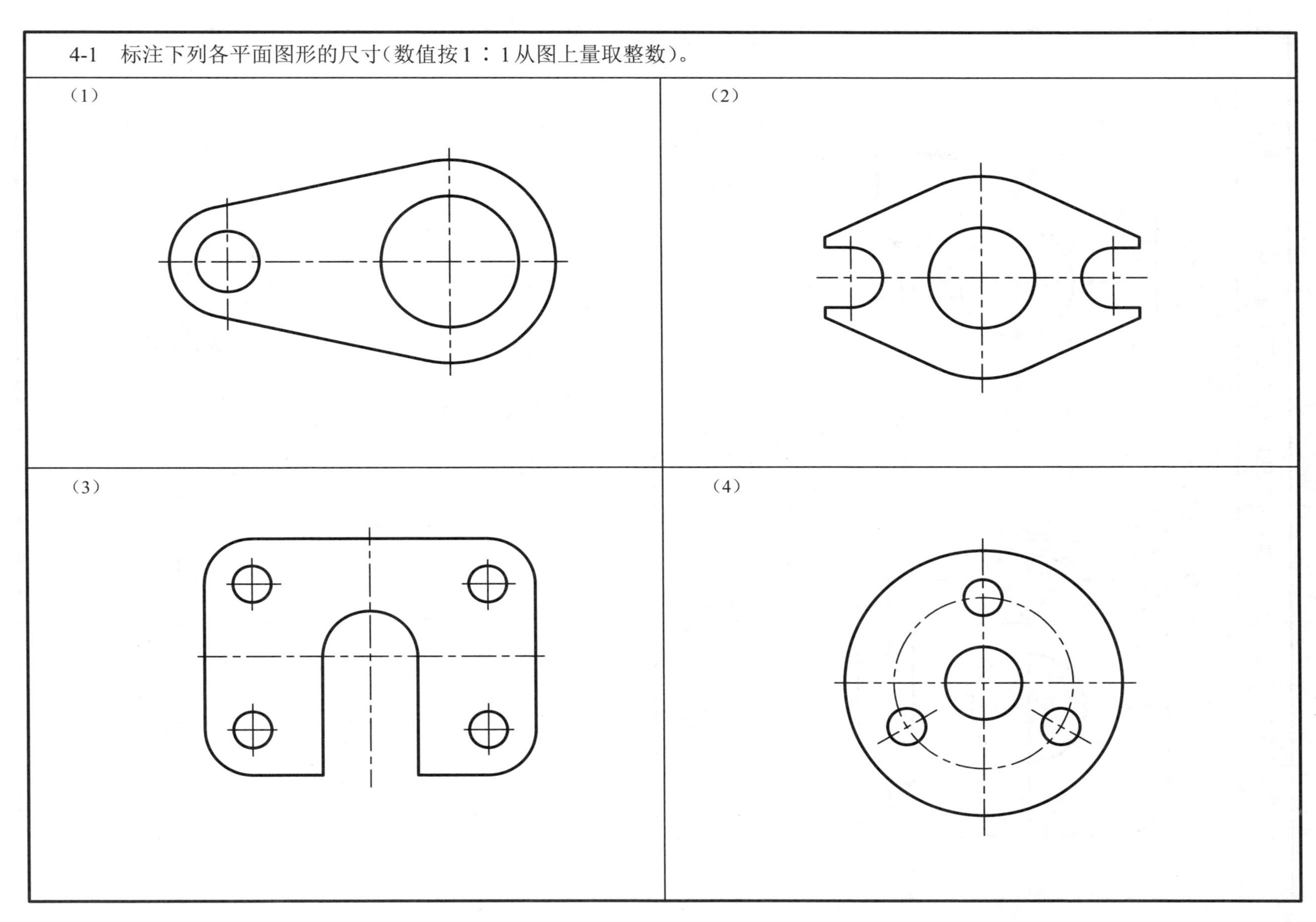

4-2 改正下图尺寸标注中不符合规定要求的地方，在右图中重新标注。

4-3 补全下面平面图形所缺的尺寸，并根据标注情况指明各段线所属的类型（已知线段，中间线段，连接线段），抄画此图。

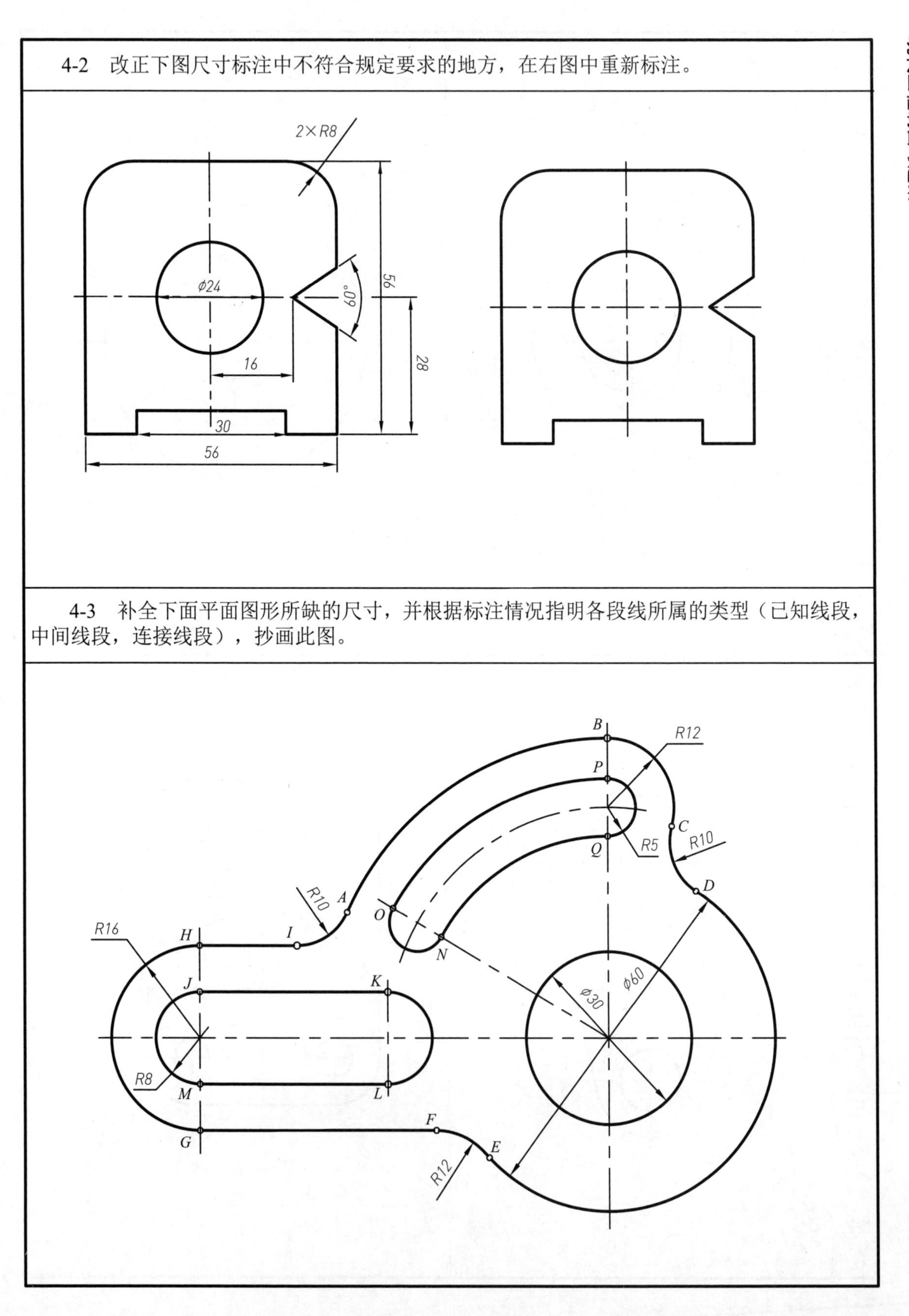

4-4　标注下列几何体的尺寸。

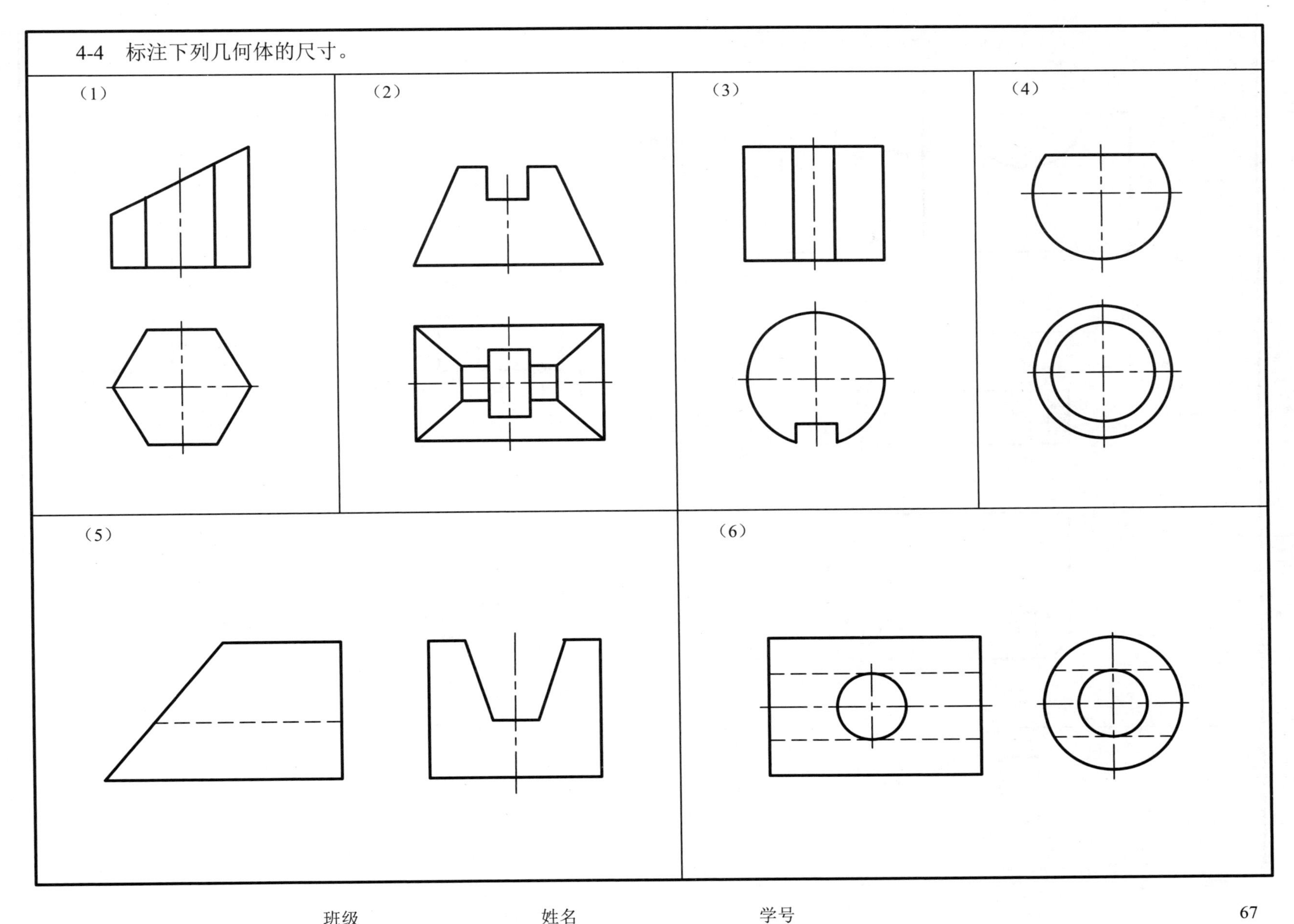

班级　　　　姓名　　　　学号

4-5 用形体分析法标注集合体及基本几何体的尺寸。

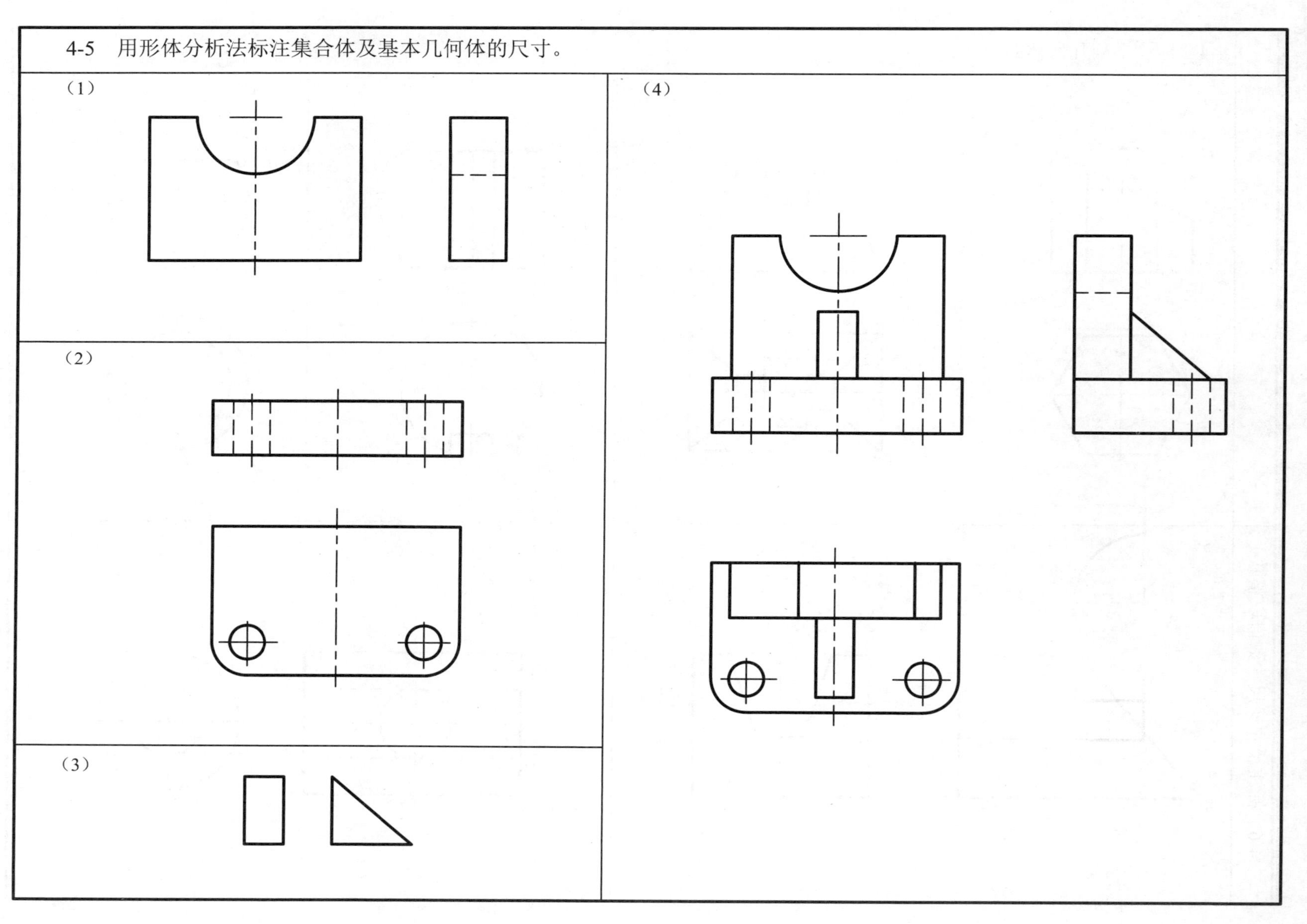

 班级 姓名 学号

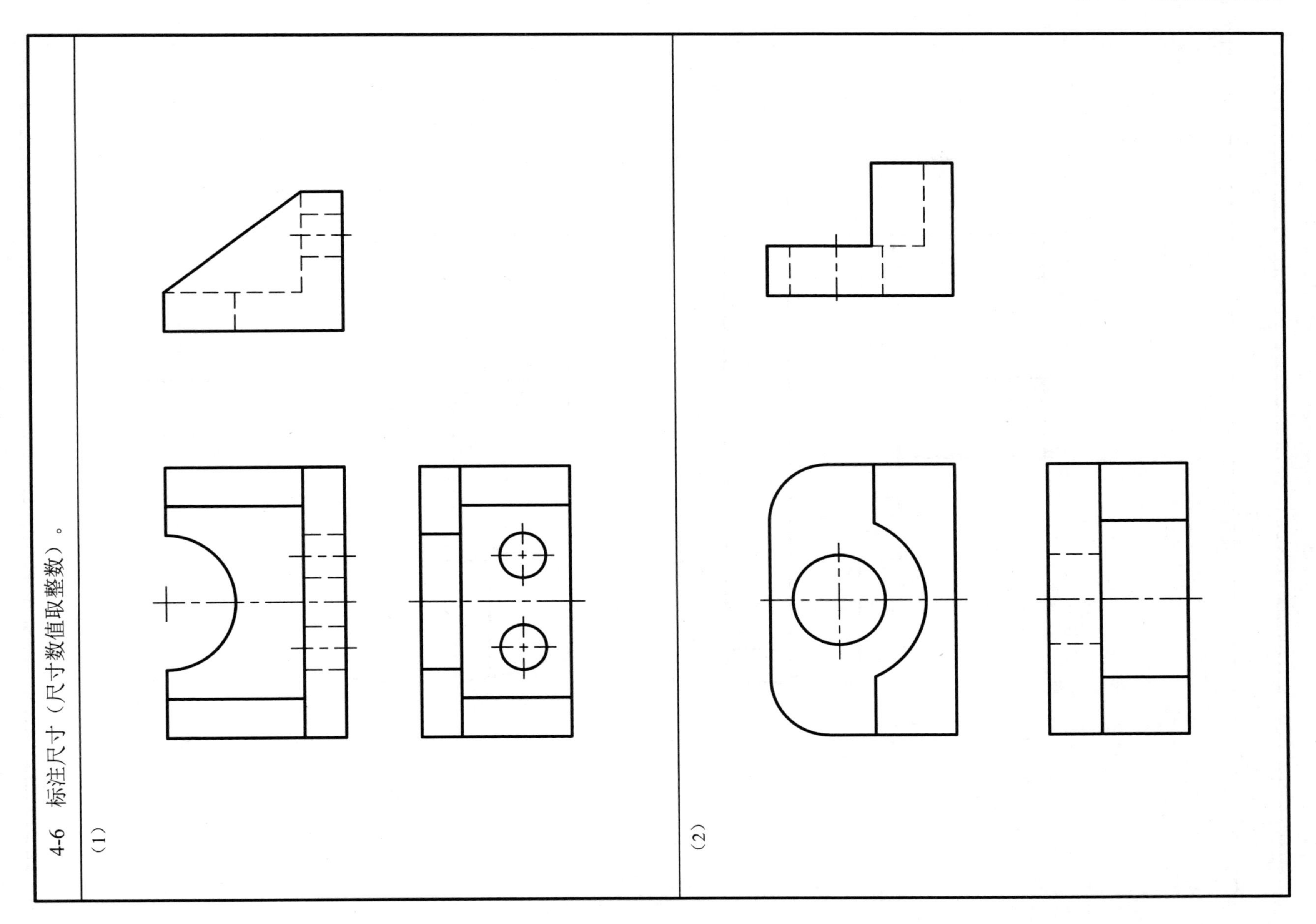
4-6 标注尺寸（尺寸数值取整数）。
（1）
（2）

4-7 标注集合体的尺寸。

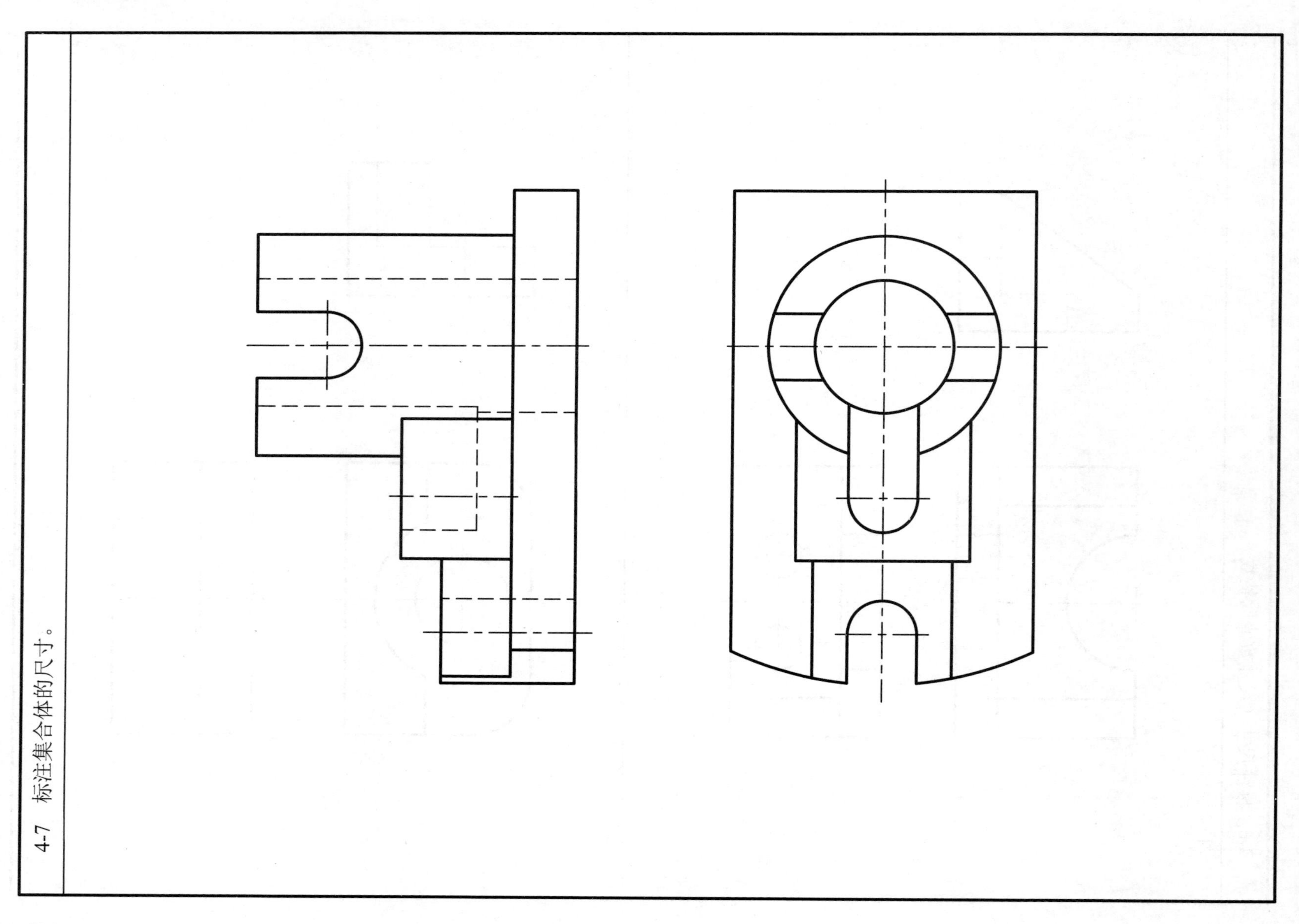

班级　　姓名　　学号

第 5 章　图样画法

5-1 看懂 3 个基本视图所示的物体，（1）绘制另外 3 个基本视图；（2）选用适当的向视图表达其形状。

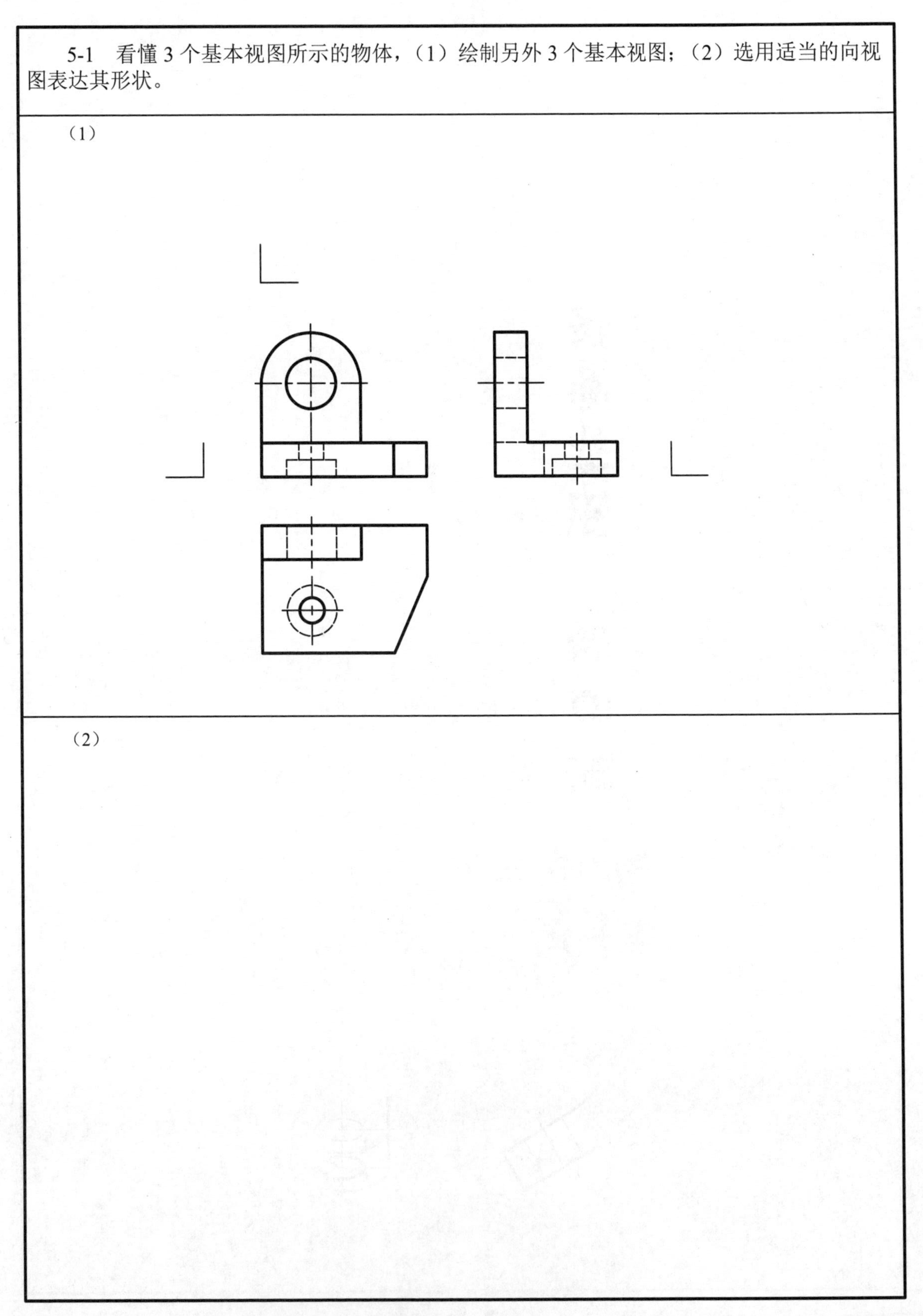

5-2　根据左边两个视图，在右边用局部视图和斜视图表达图示物体形状。

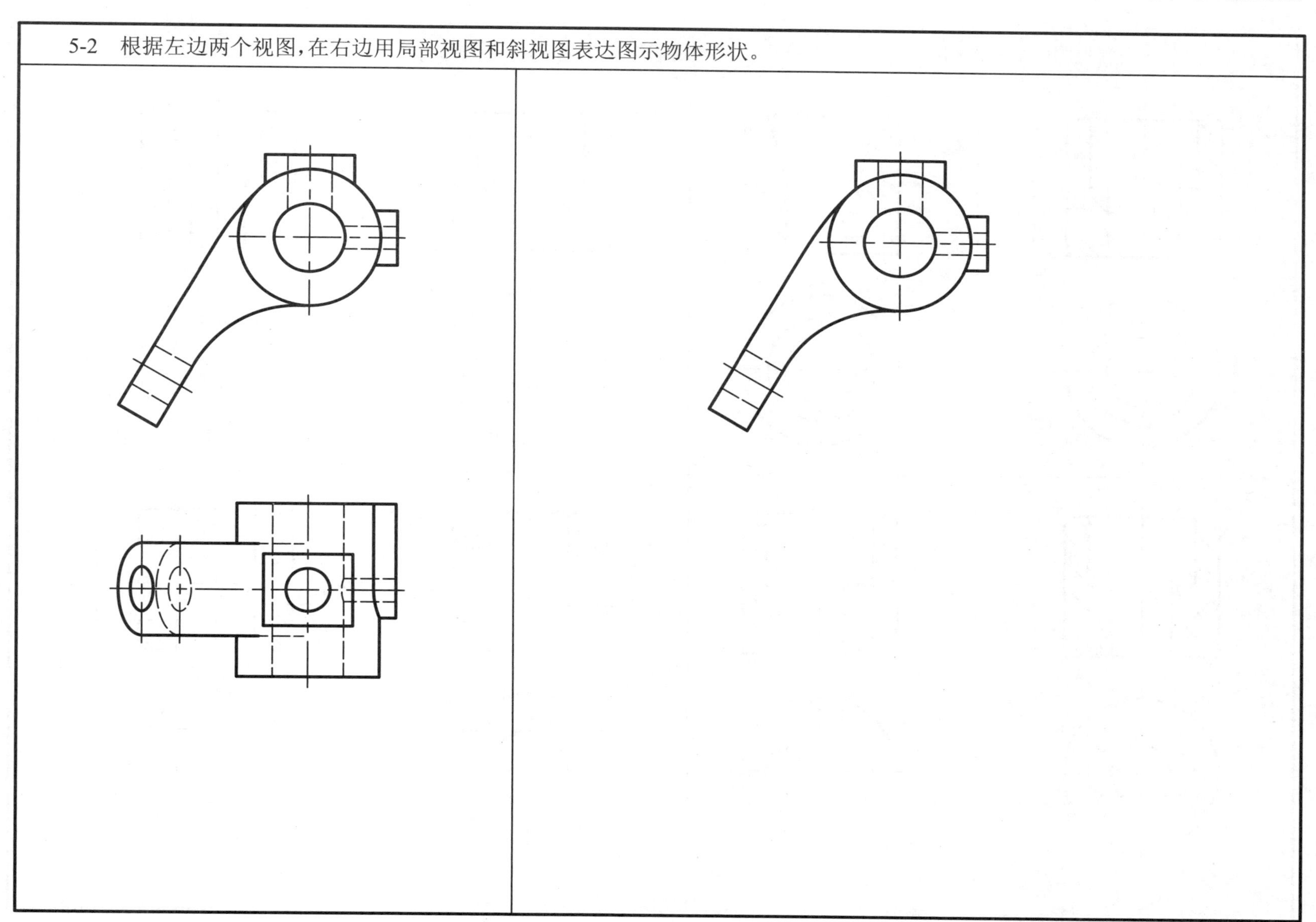

5-3 补全下列剖视图中漏画的图线。

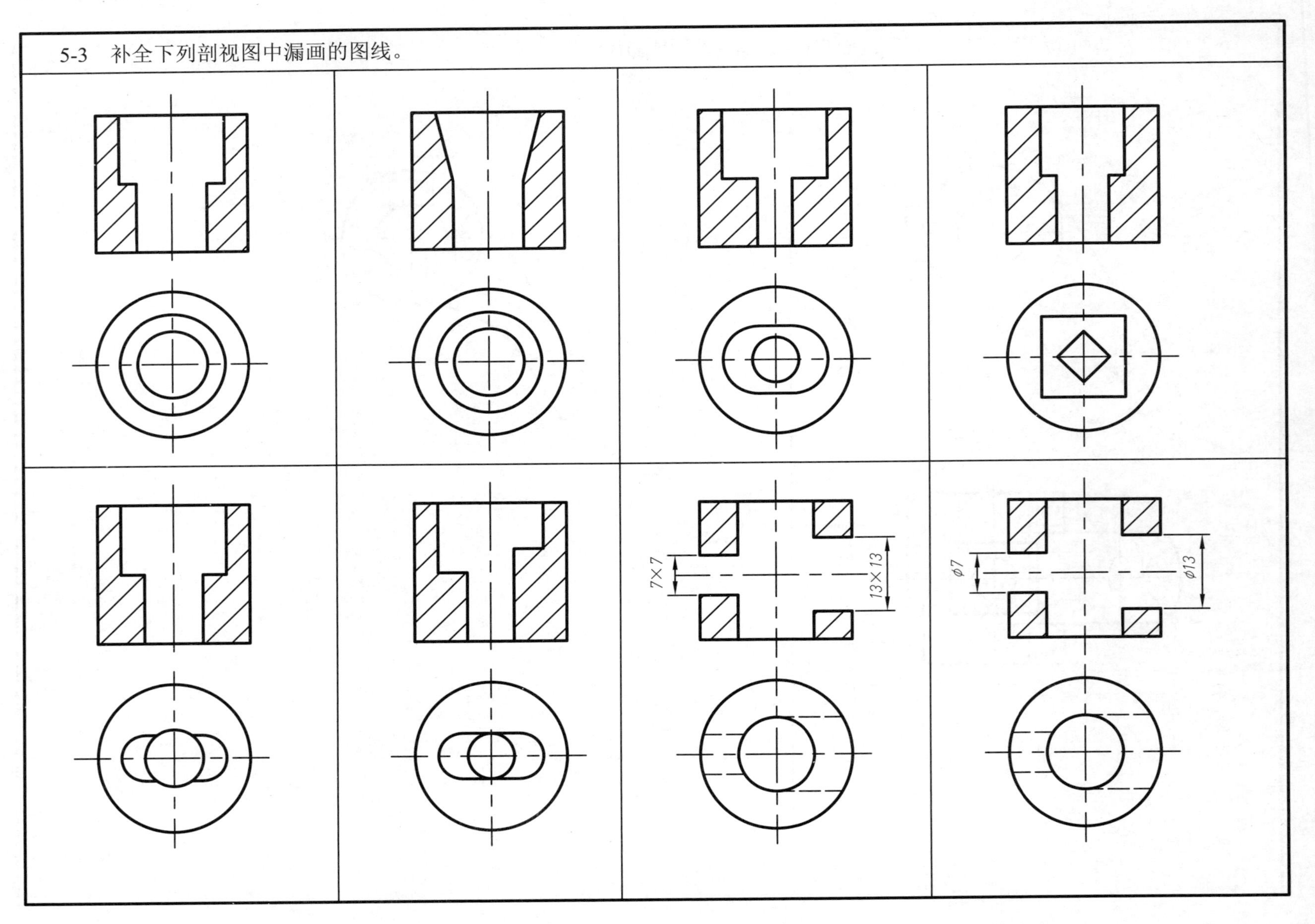

班级 姓名 学号

5-4　将图示物体的主视图在指定位置改画成全剖视图。

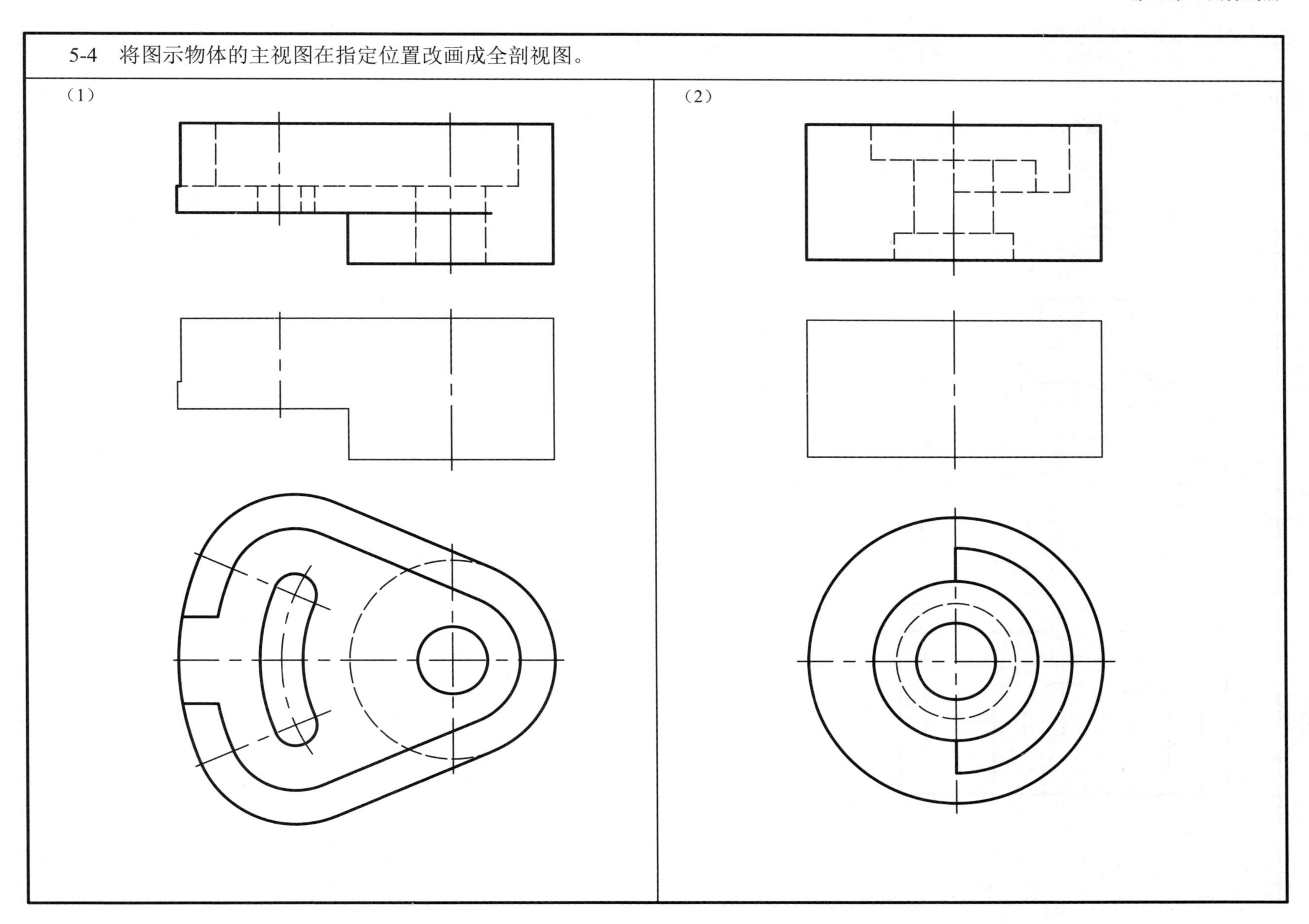

班级　　姓名　　学号

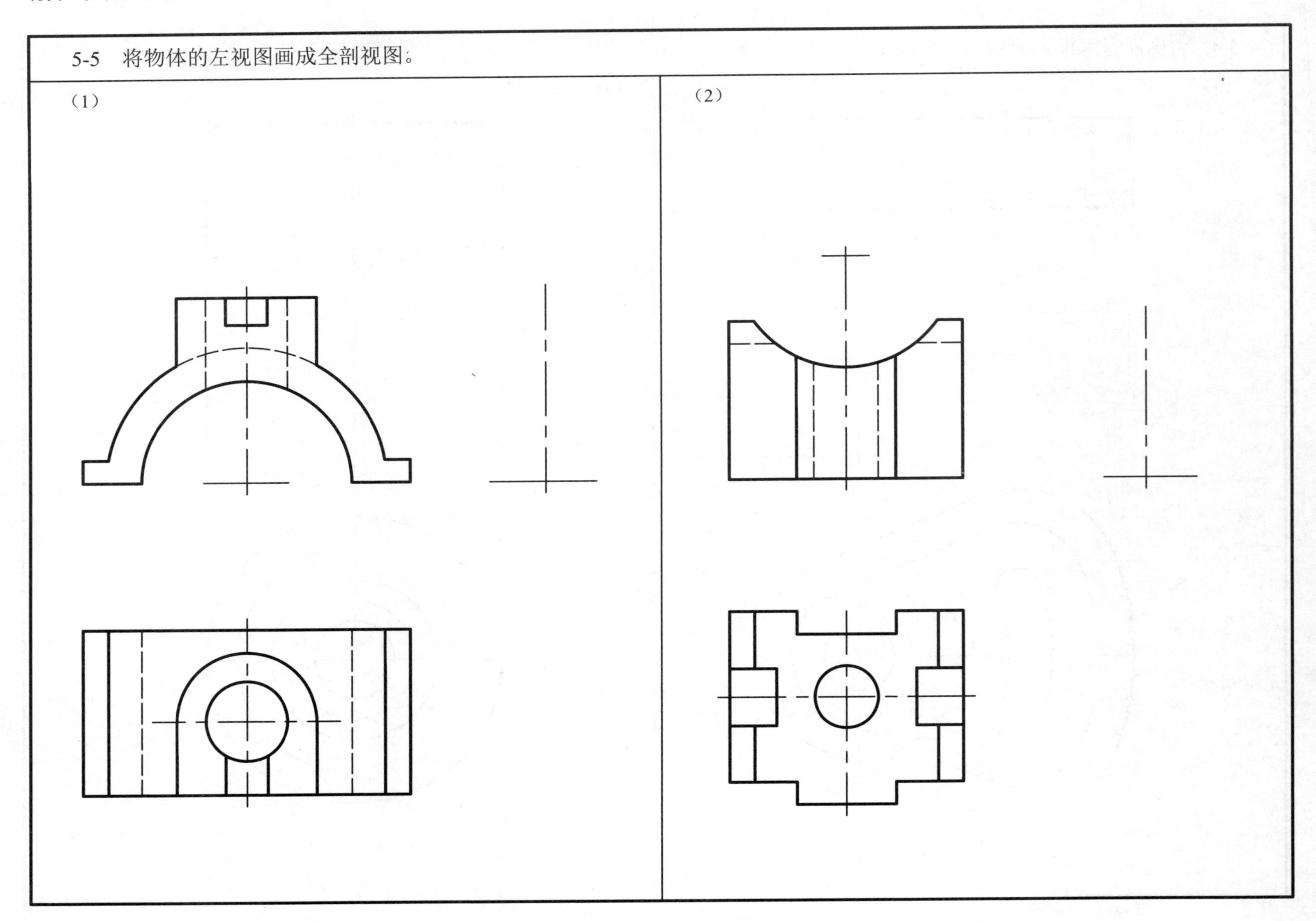

班级 姓名 学号

5-6　根据立体图及其所给尺寸，绘制主、左全剖视图，并标注尺寸。

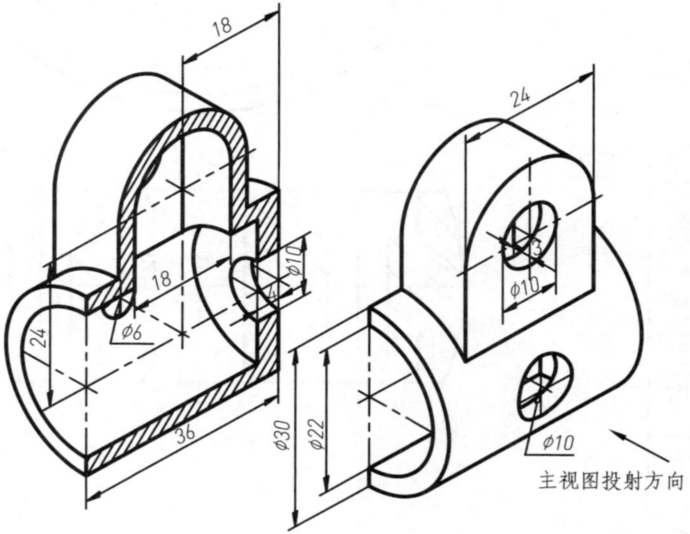

18
24
18
ϕ10
4
ϕ6
24
36
3
ϕ10
ϕ30
ϕ22
ϕ10
主视图投射方向

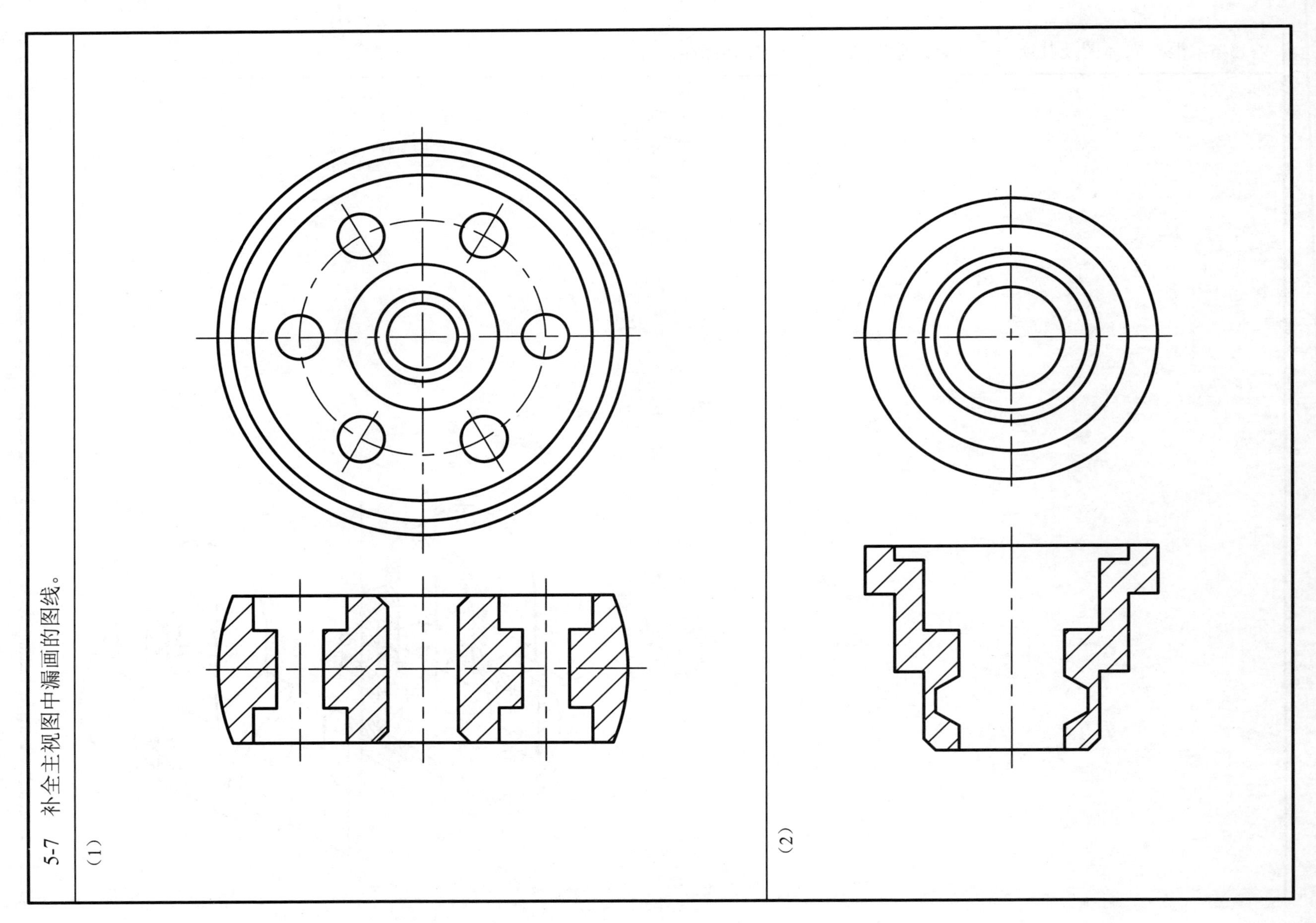

班级 姓名 学号

5-8　读懂剖视图，在剖切断面处补画剖面线。

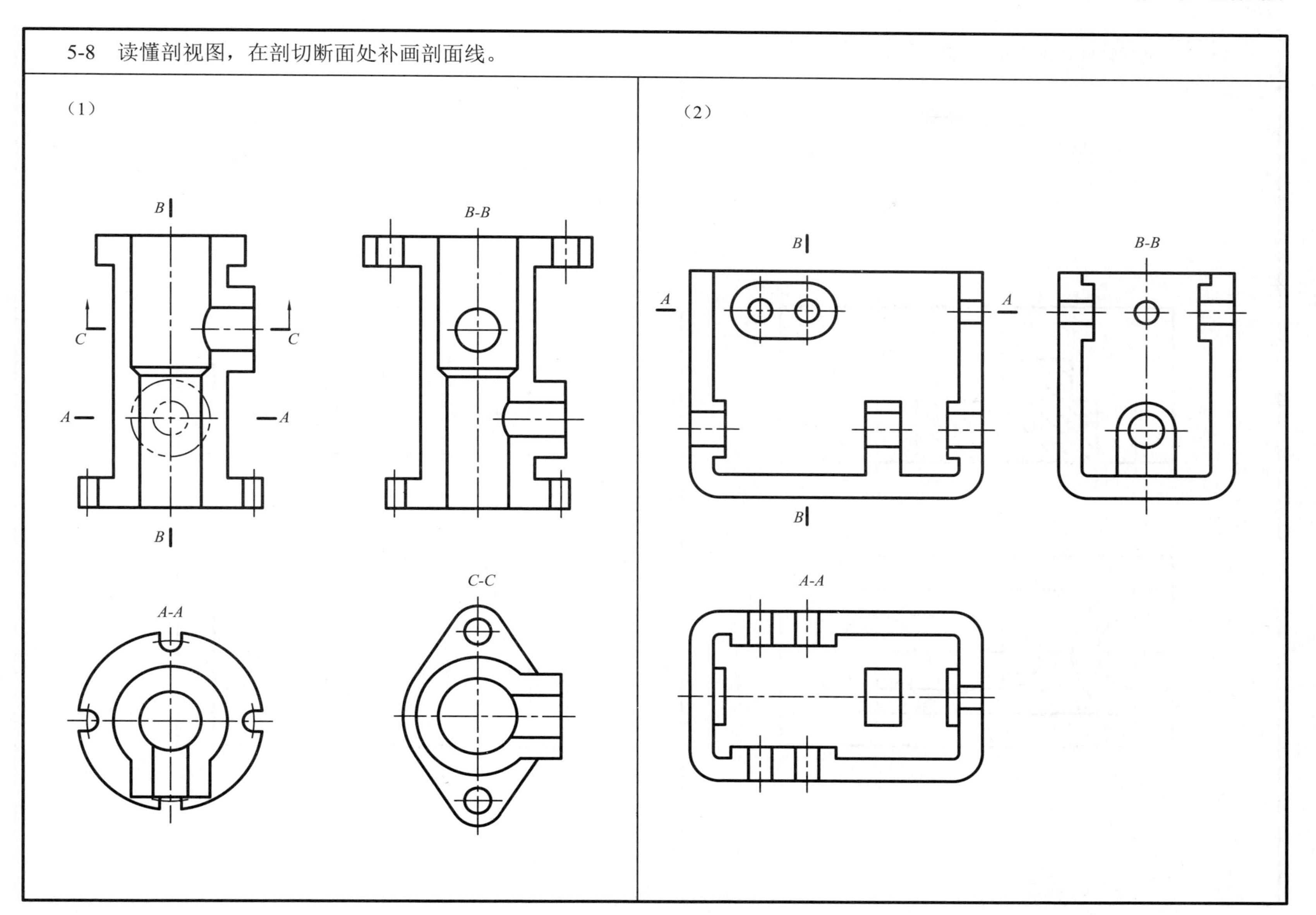

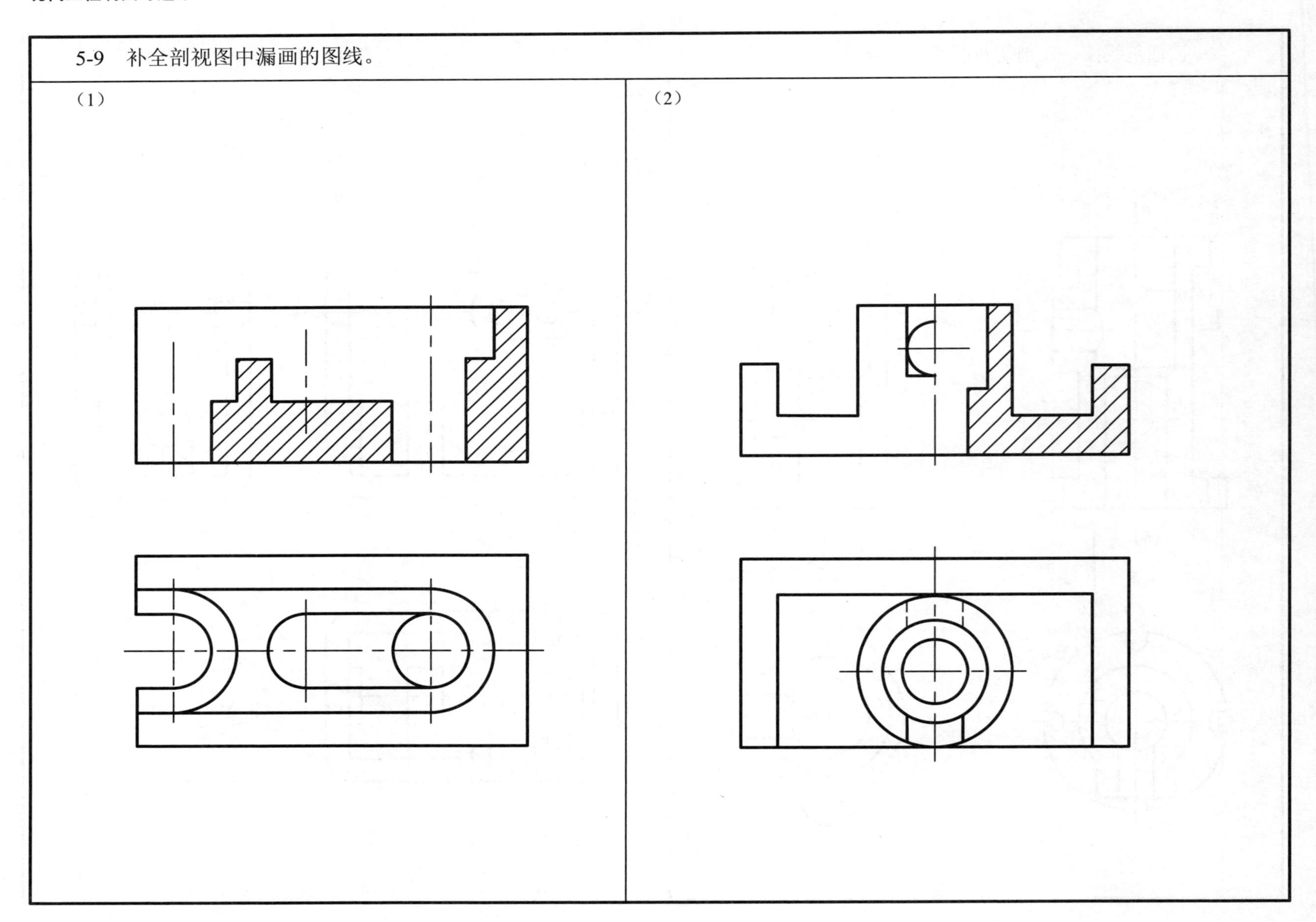

班级　　　　姓名　　　　学号

5-10　在指定位置，将物体的主视图画成全剖视图，左视图画成半剖视图。

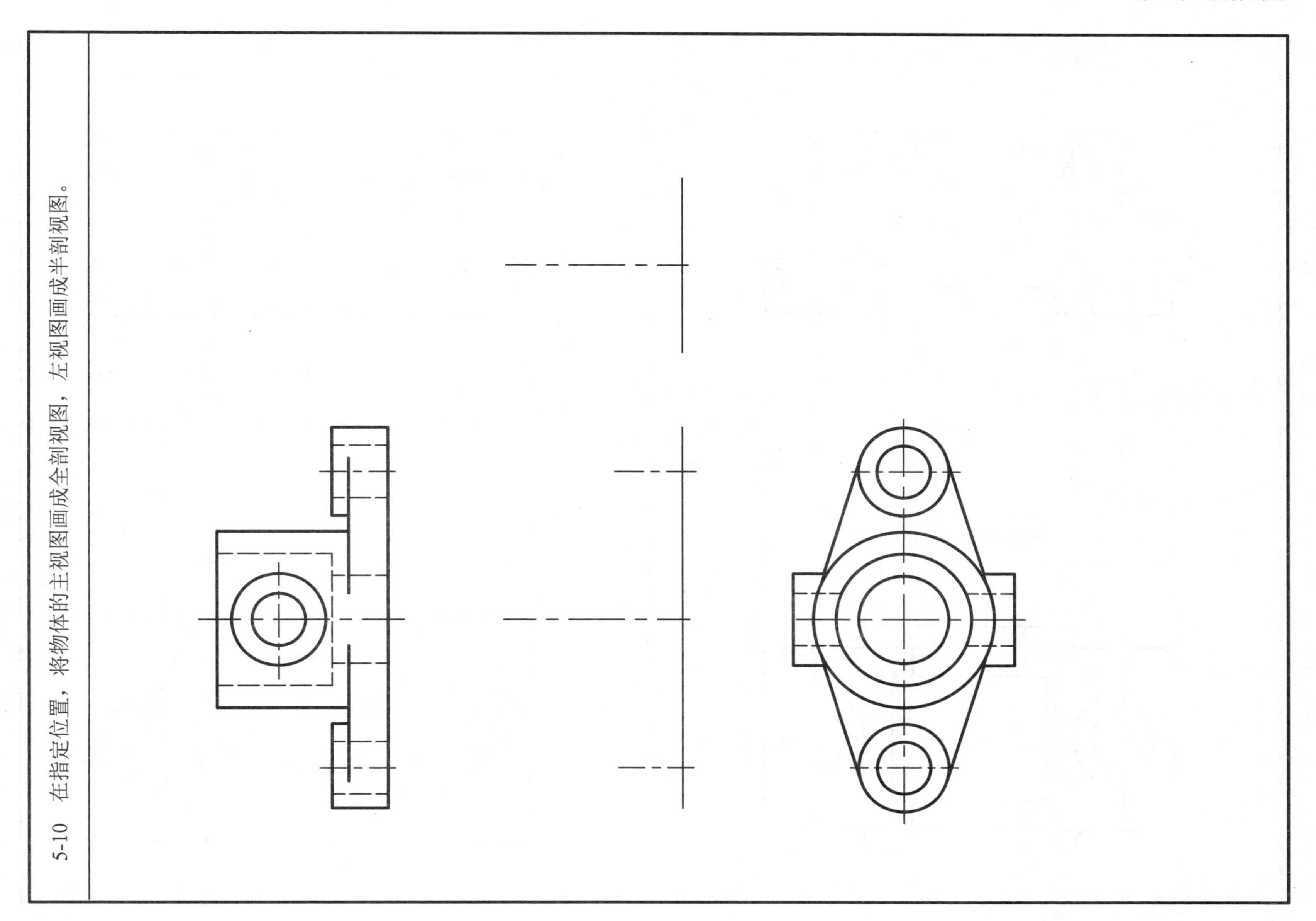

5-11　在指定位置将主视图画成半剖视图。

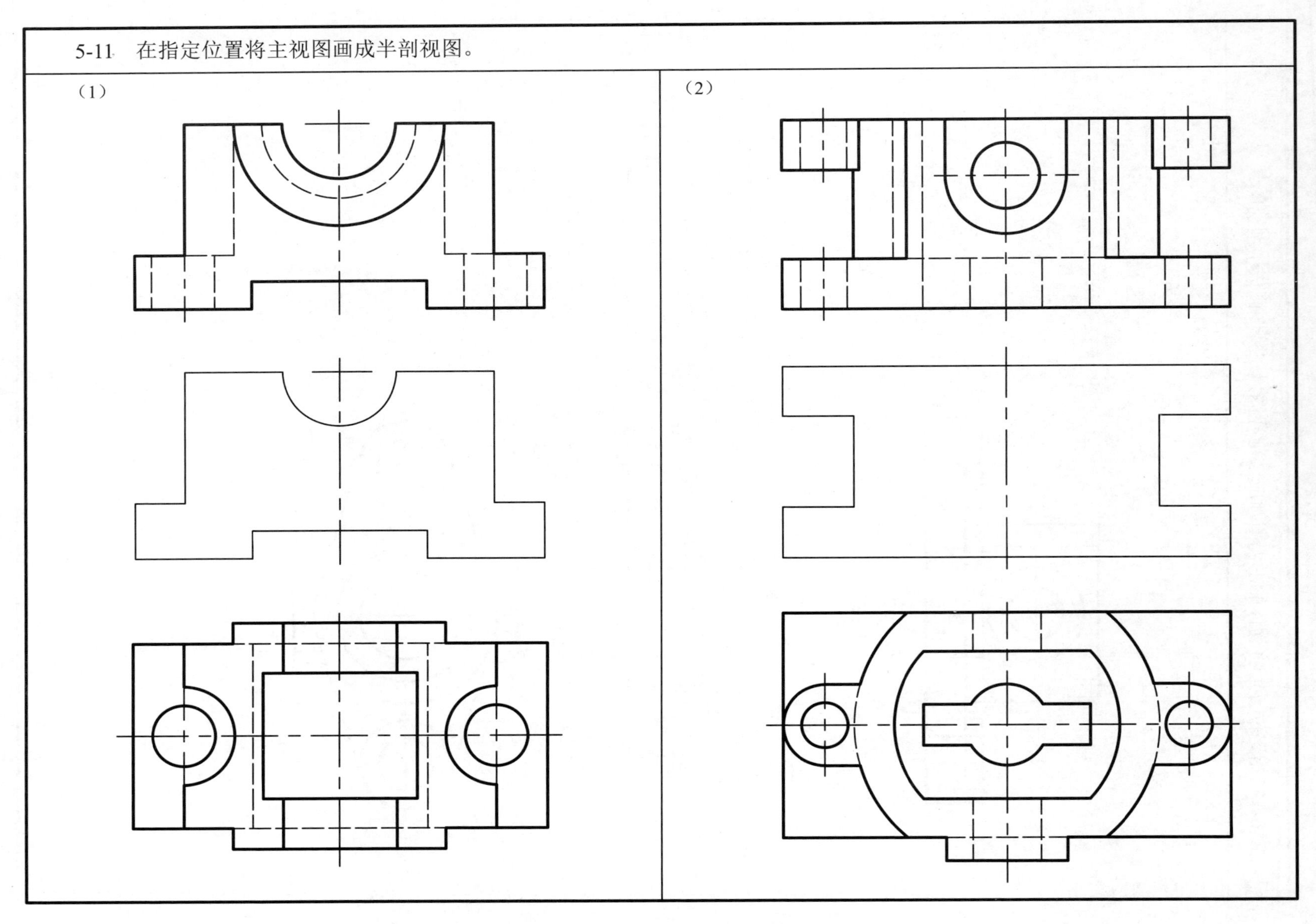

班级　　姓名　　学号

5-12　将主视图画成适当剖视图，并将左视图画成全剖视图。

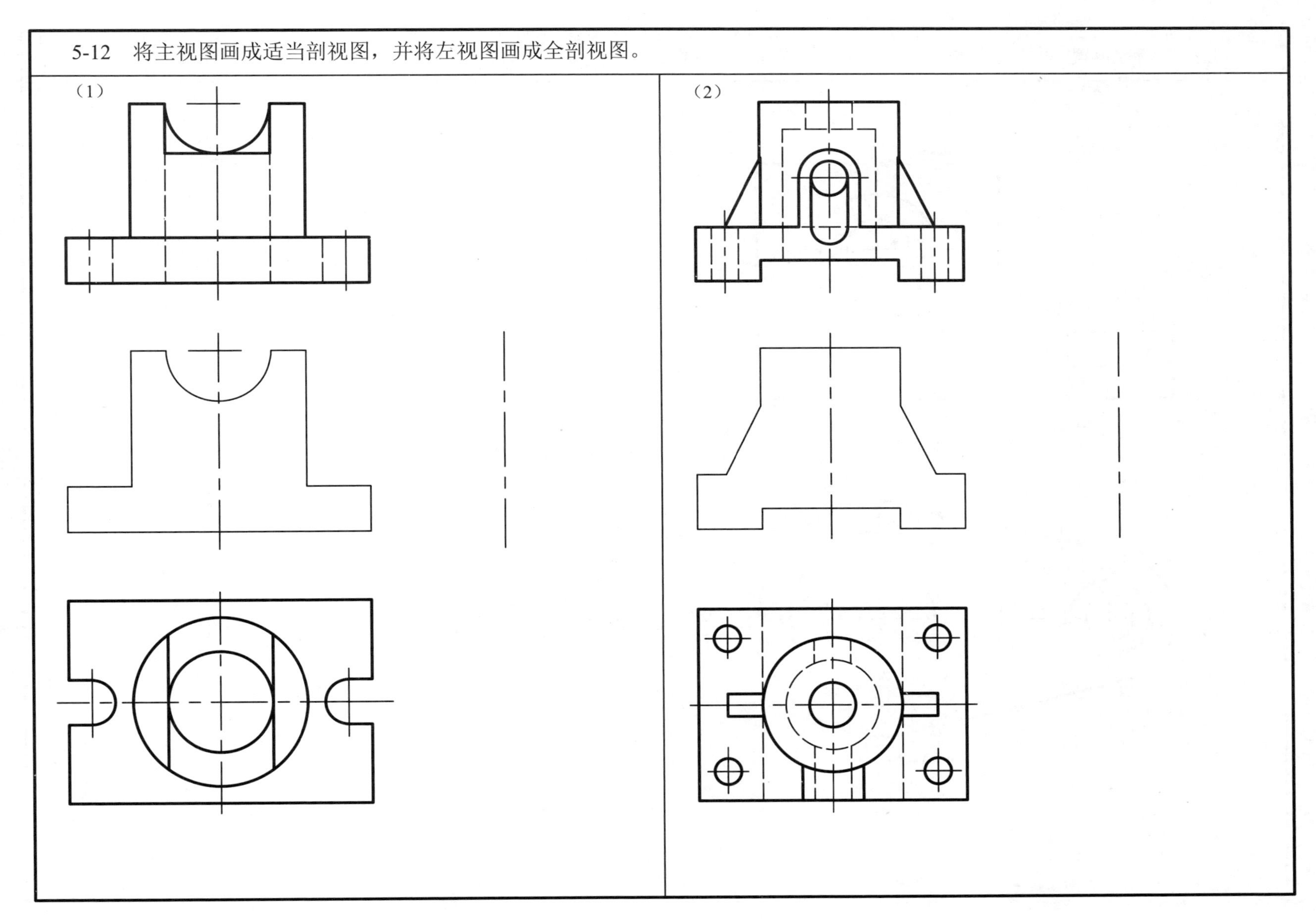

班级　　　　姓名　　　　学号

5-13　在指定位置，将图示物体的主、俯视图画成局部剖视图。

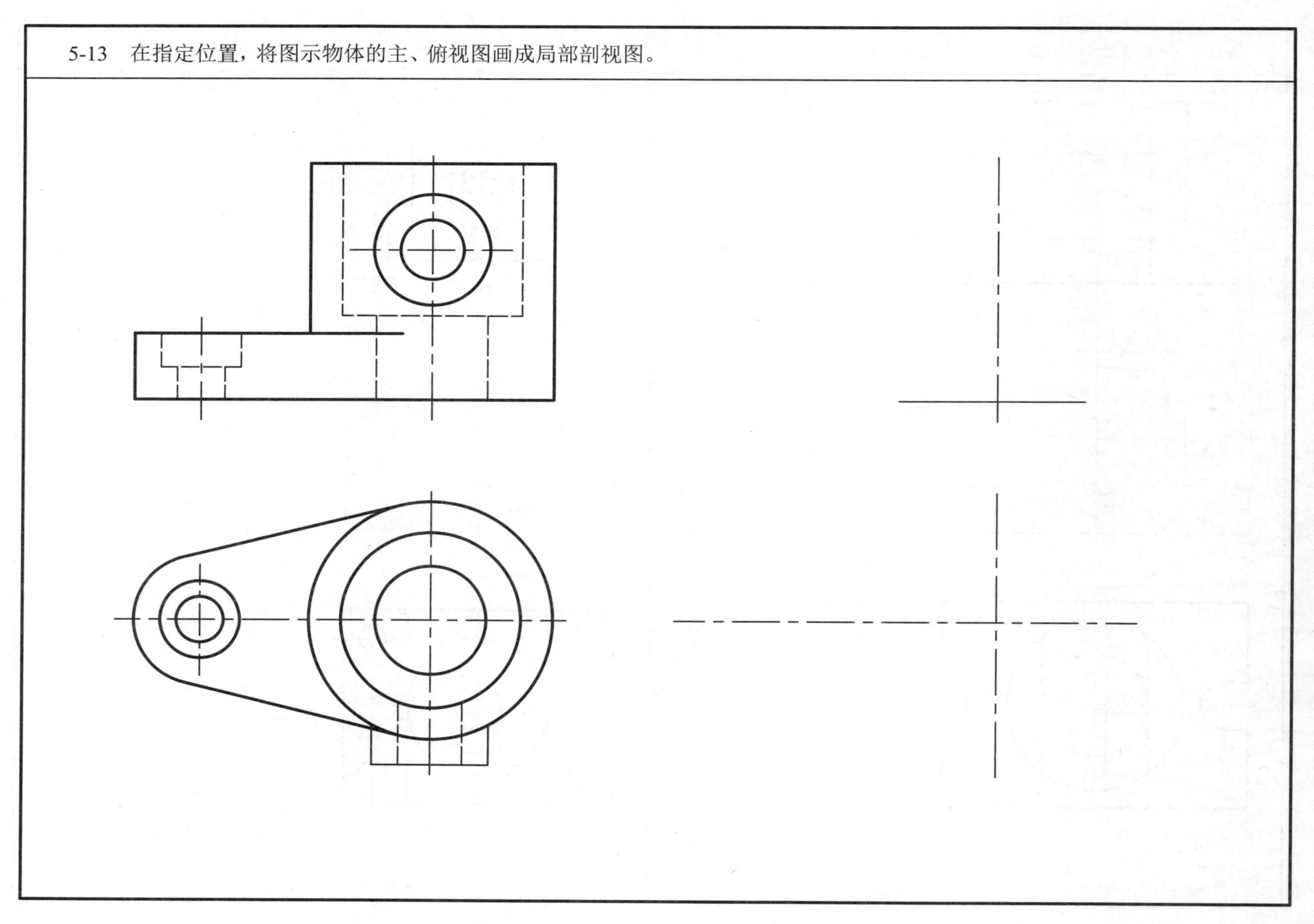

5-14　绘制 *A-A*、*B-B* 剖视图。

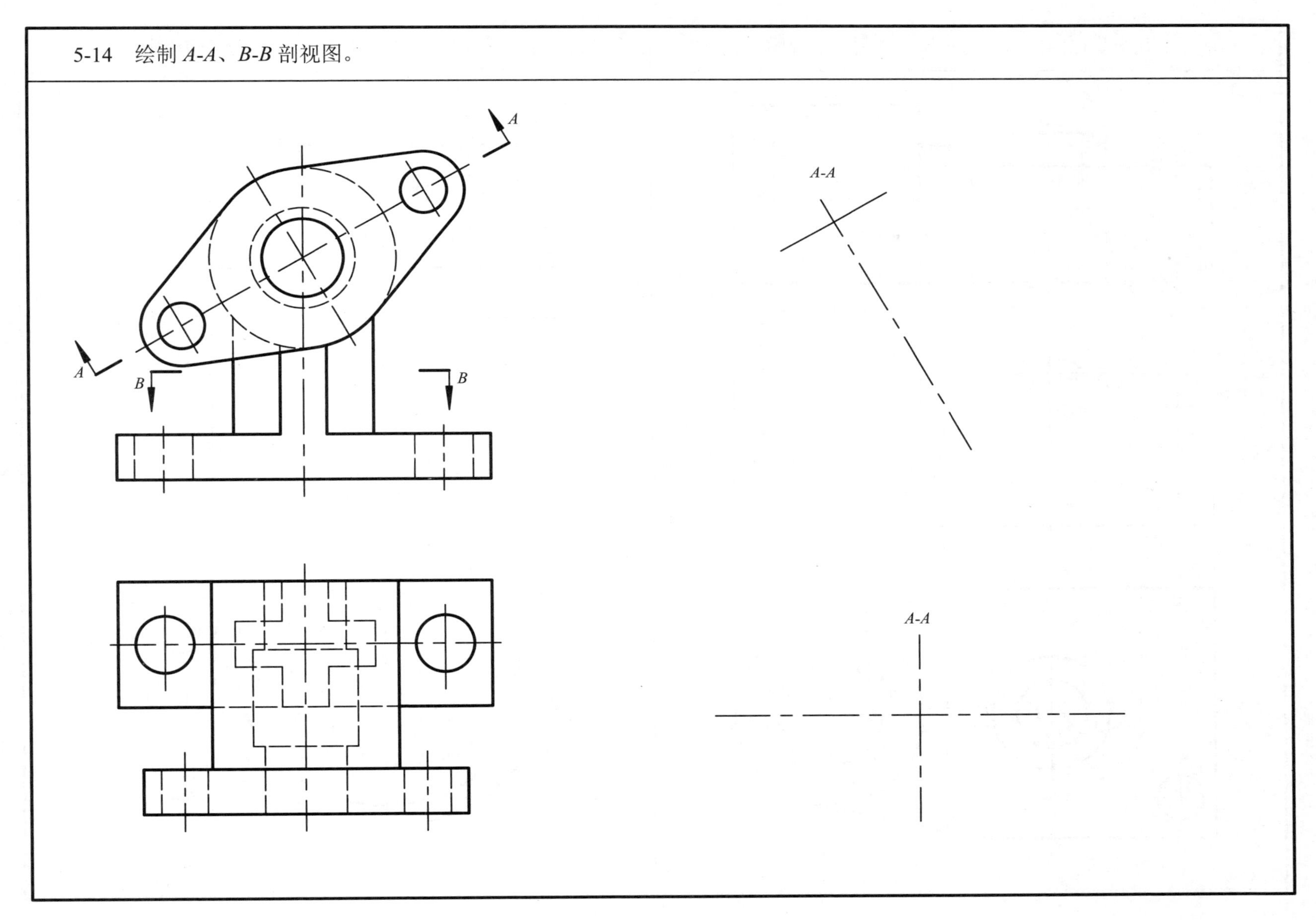

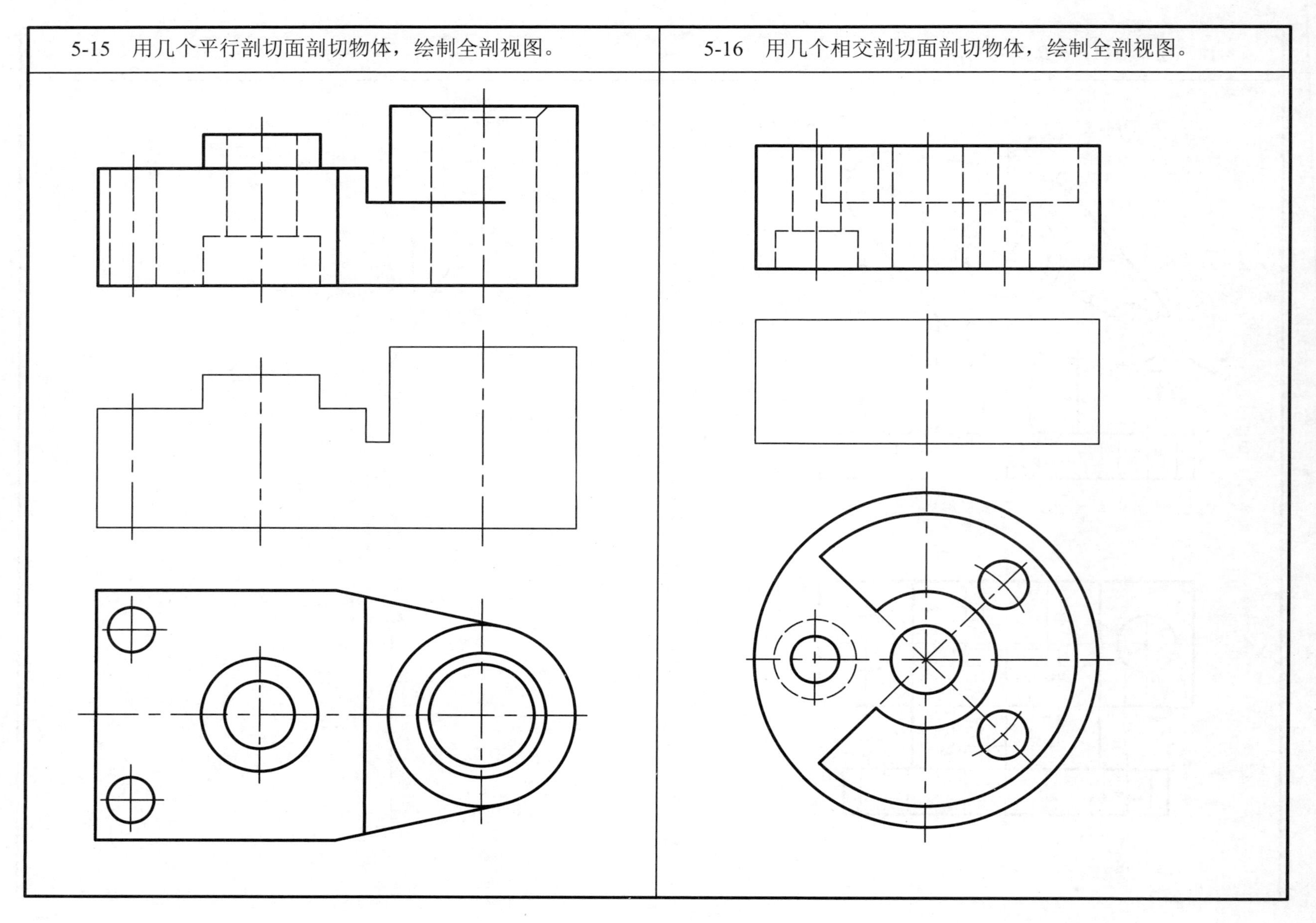
5-15　用几个平行剖切面剖切物体，绘制全剖视图。
5-16　用几个相交剖切面剖切物体，绘制全剖视图。

5-17　对物体进行形体分析，并在指定位置绘制其主视外形图。

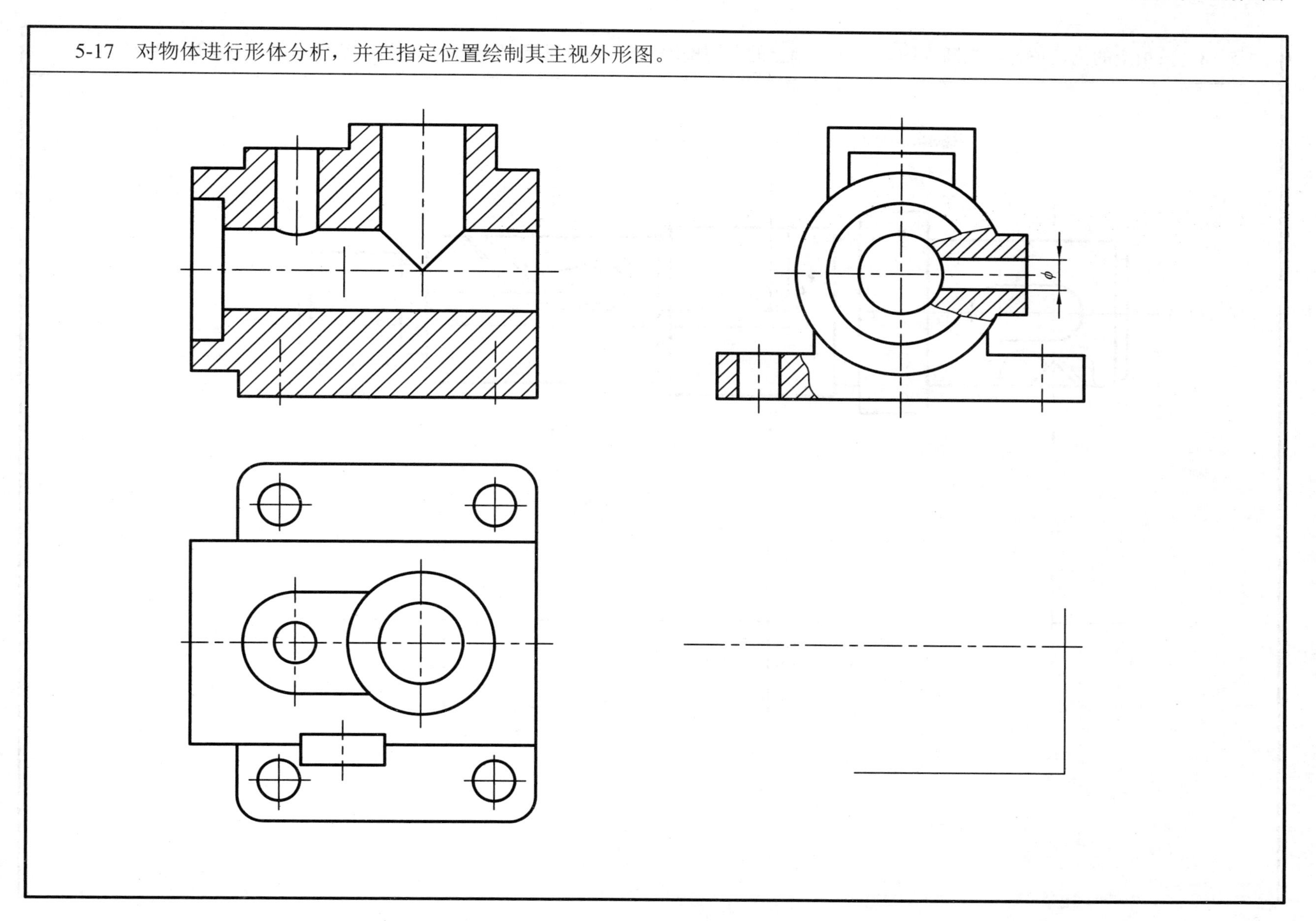

班级　　　　　　姓名　　　　　　学号

5-18　按指定的剖切位置绘制断面图。（注：轴上的左键槽深 4.5，90° 锥坑深 4，右方半圆键键槽宽 6，中间圆孔直径为 6。）

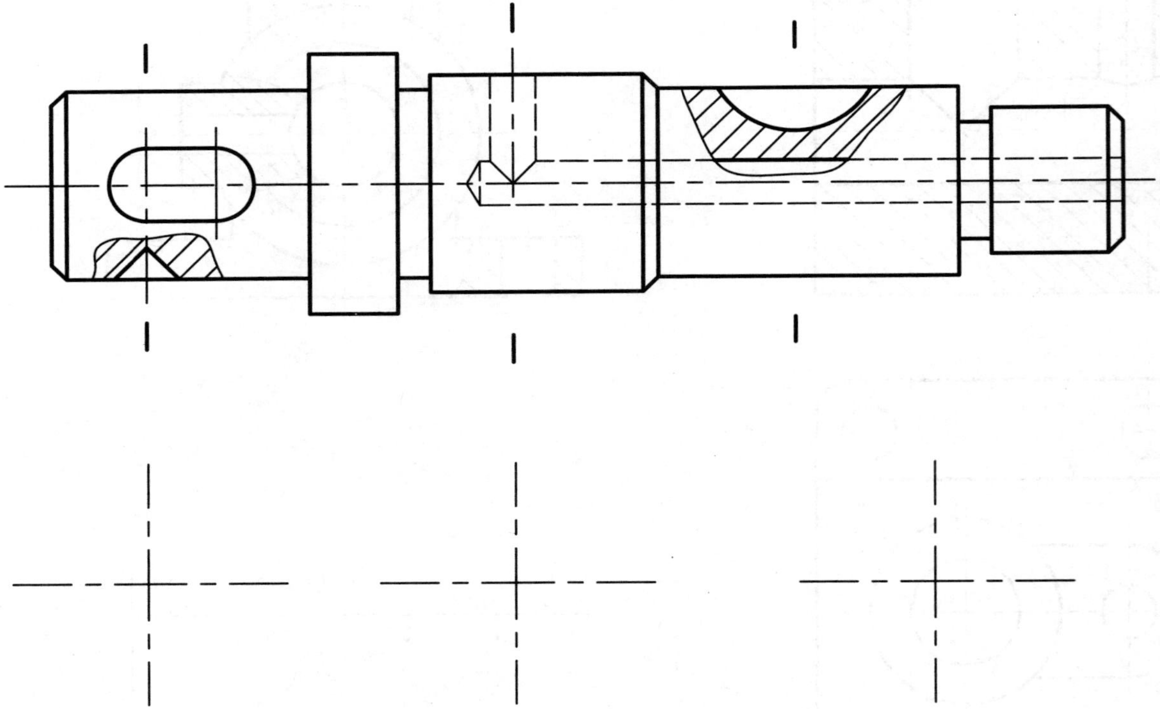

班级　　姓名　　学号

5-19　按照剖视图的简化画法，在指定位置将机件的主视图画成全剖视图。

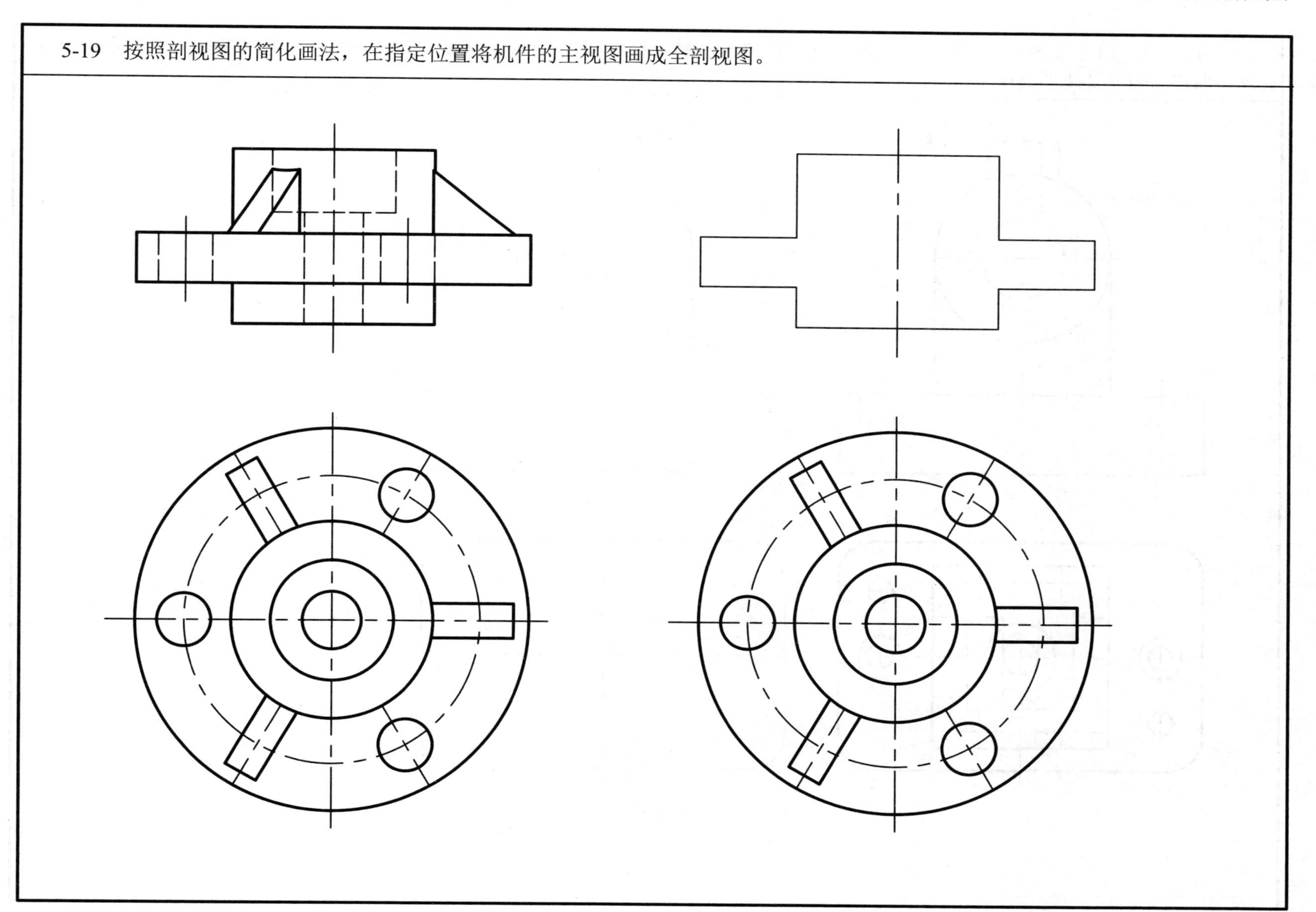

班级　　　　姓名　　　　学号

5-20　将左边主、俯视图所示机件的形状，在右边用指定剖视图来表达：将主视图画成半剖视图加局部剖视图，左视图画成全剖视图，俯视图画成 *A-A* 半剖视图。

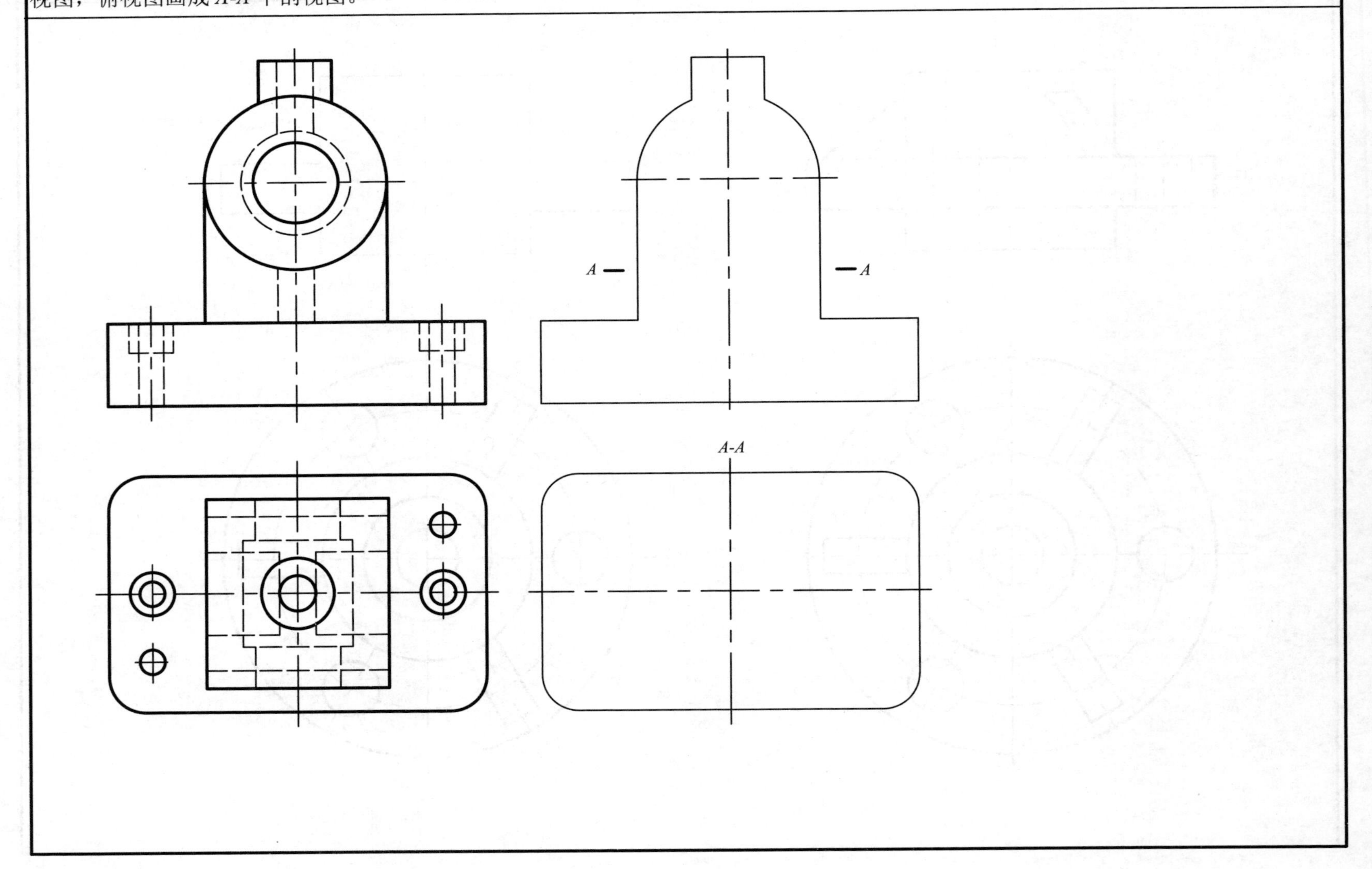

班级　　　　姓名　　　　学号

5-21　将主视图取适当剖视，且作出左视全剖视图，并标注尺寸（用 A3 图纸，比例为 1 ∶ 1）。

5-22　将主视图取适当剖视，且作出左视全剖视图，并标注尺寸。

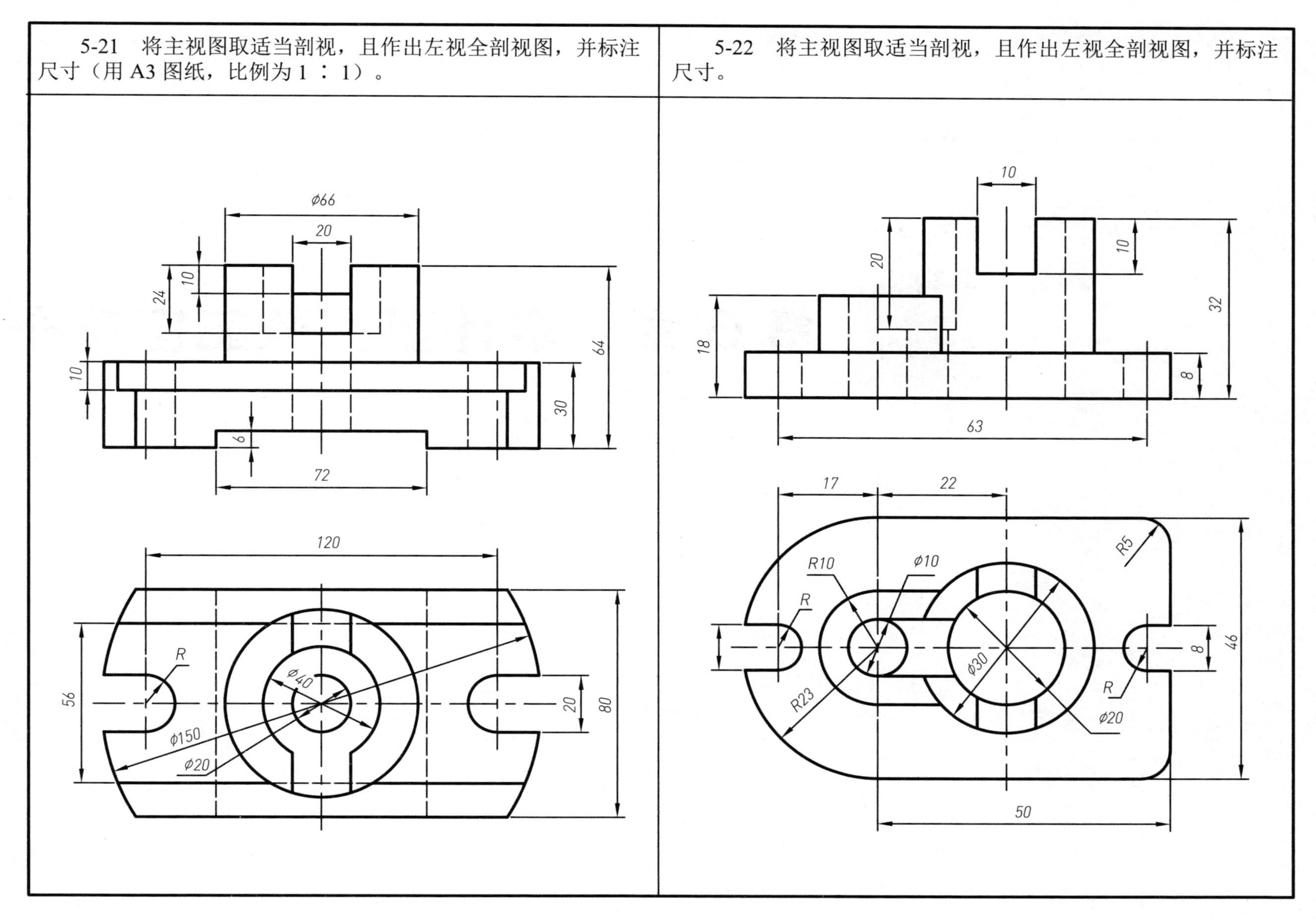

第 6 章　零件图、装配图简介

6-1　改正下列螺纹和螺纹连接画法中的错误，将正确的绘制在下方指定位置。

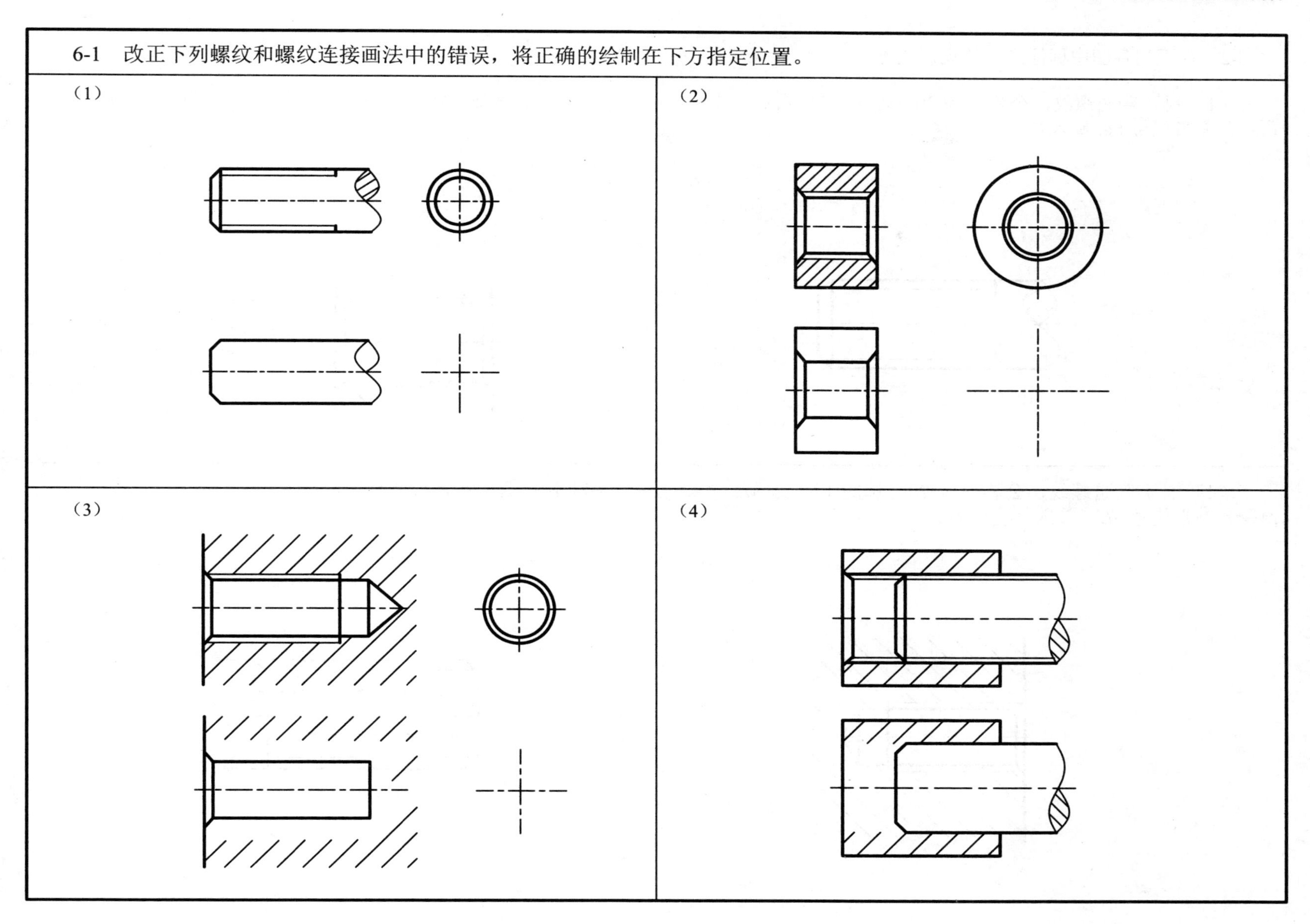

6-2 在下列各图中标注螺纹的规定代号。

（1）粗牙普通螺纹，公称直径 20，螺距 2.5，右旋，中、顶径公差带代号 6*g*, 旋入长度代号 *L*。

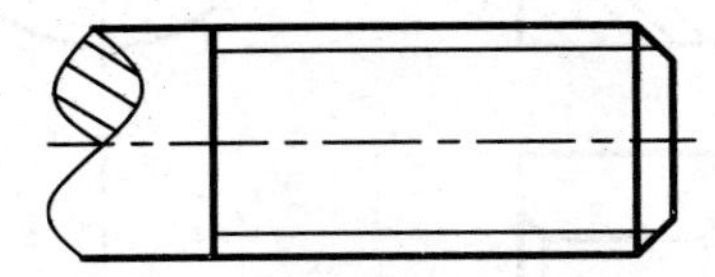

（2）细牙普通螺纹，公称直径 20，螺距 1.5，左旋，中、顶径公差带代号 6*H*，旋入长度代号 *N*。

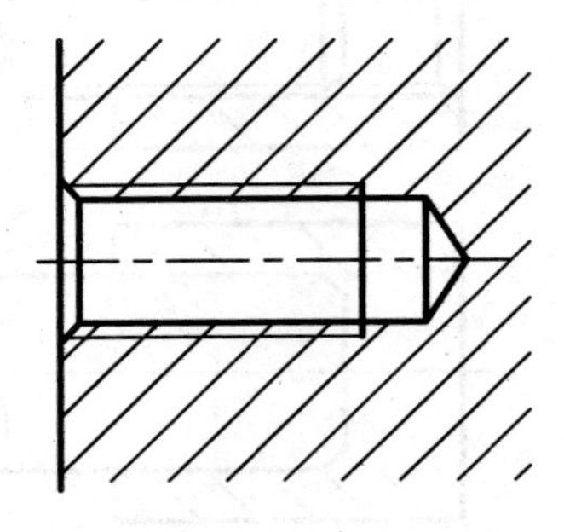

（3）梯形螺纹，公称直径 32，导程 12，头数 2，左旋。

（4）圆柱管螺纹，公称直径代号 3/4。

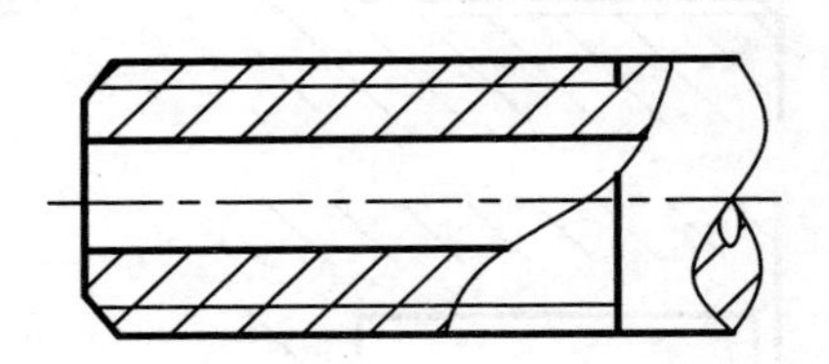

 班级 姓名 学号

6-3　采用比例画法，补全螺栓连接、双头螺柱连接和螺钉连接的装配图。

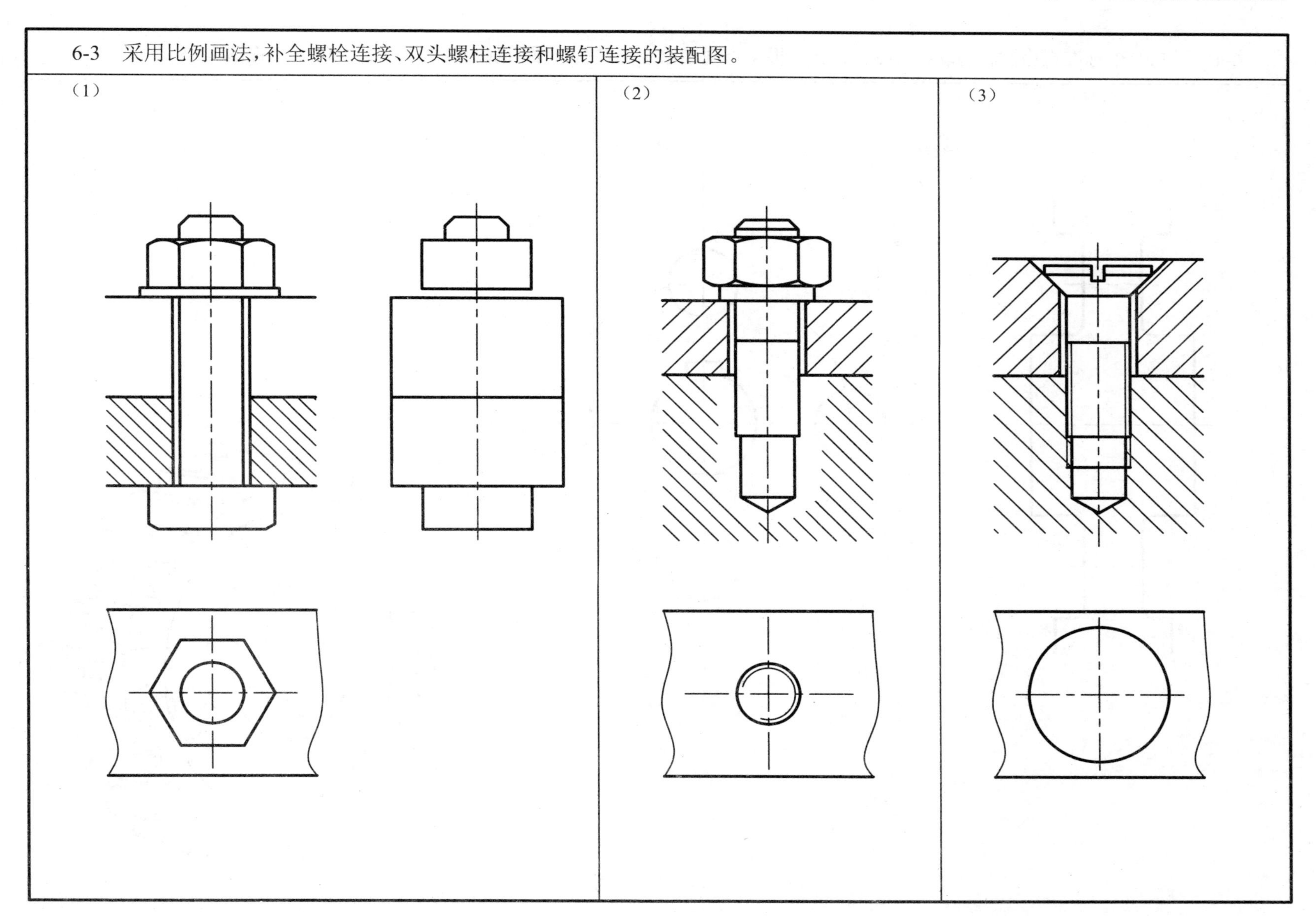

班级　　　　姓名　　　　学号

6-4　已知一个标准直齿圆柱齿轮，m=3、z=28，根据直观图给定的结构，采用规定画法补全齿轮的两个视图。

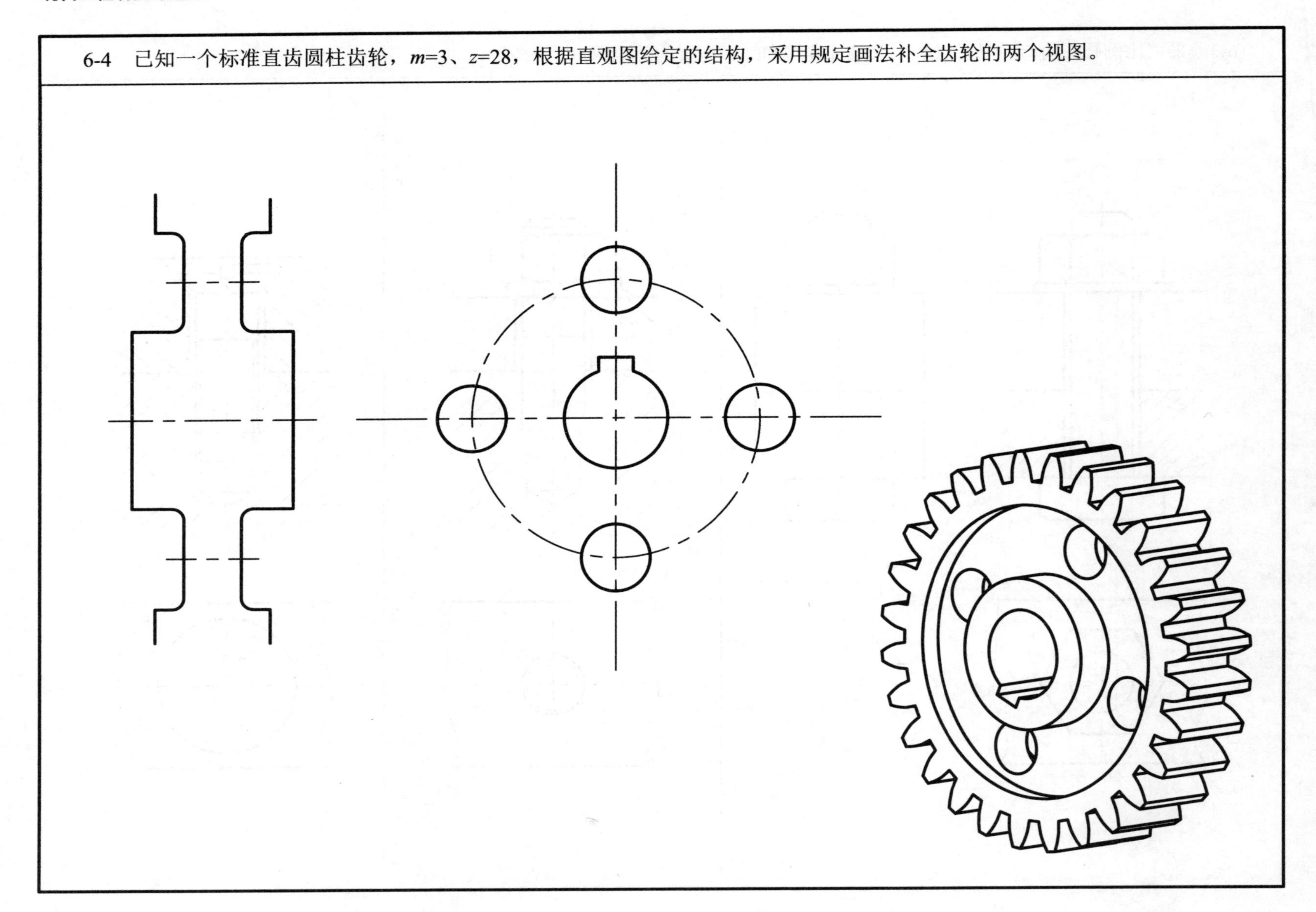

6-5　已知一对平板直齿圆柱齿轮啮合，模数 $m=2$，大齿轮的齿数 $z_2=36$，试计算两齿轮的主要尺寸，并完成其啮合图。

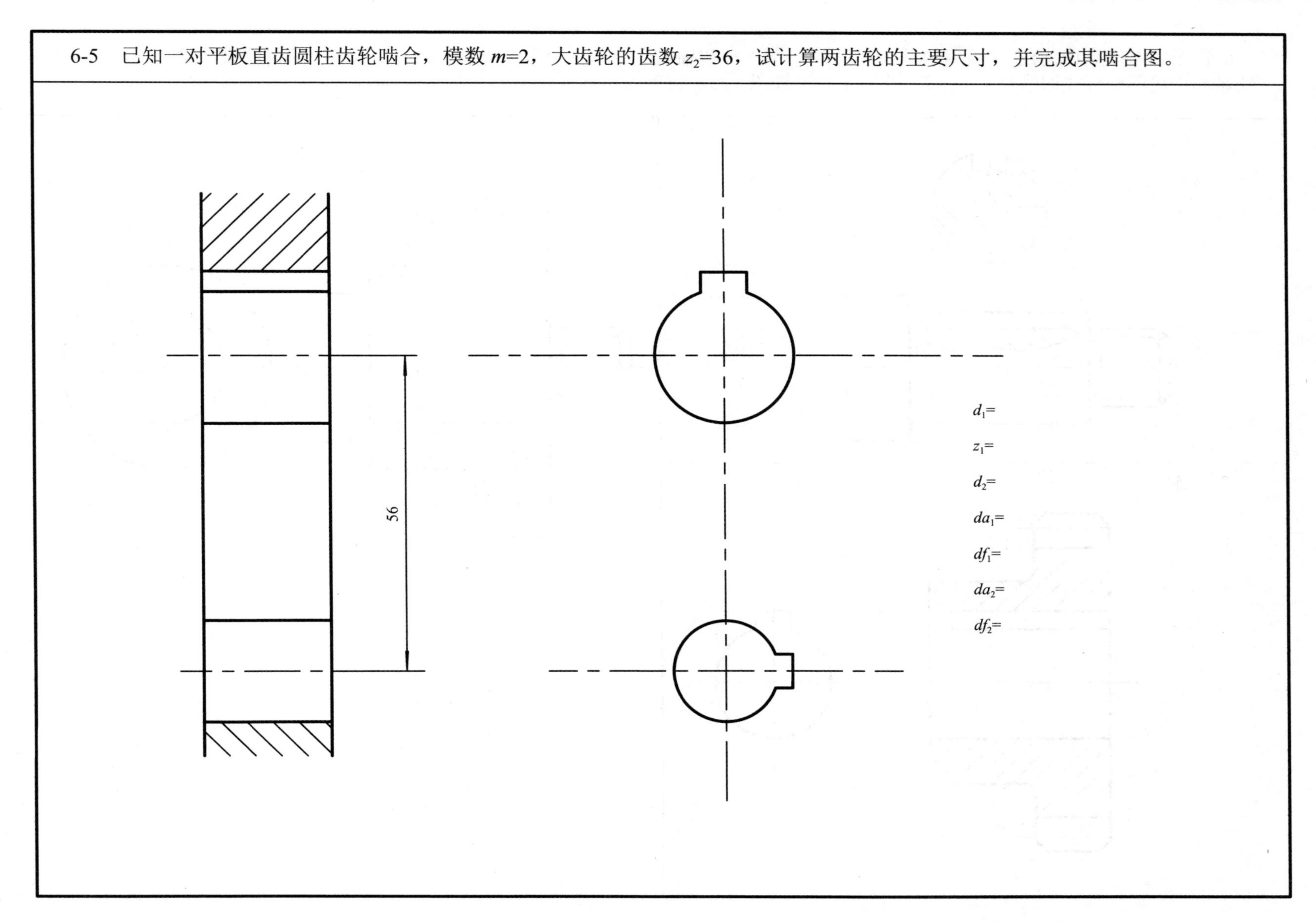

6-6　图中齿轮和轴的连接采用的是 A 型普通平键，轴和轴孔的公称直径为 20，键长 25。（1）查表确定键和键槽的尺寸，分别在轴和齿轮图中标注键槽尺寸。（2）绘制全键连接图，写出键的规定标记。

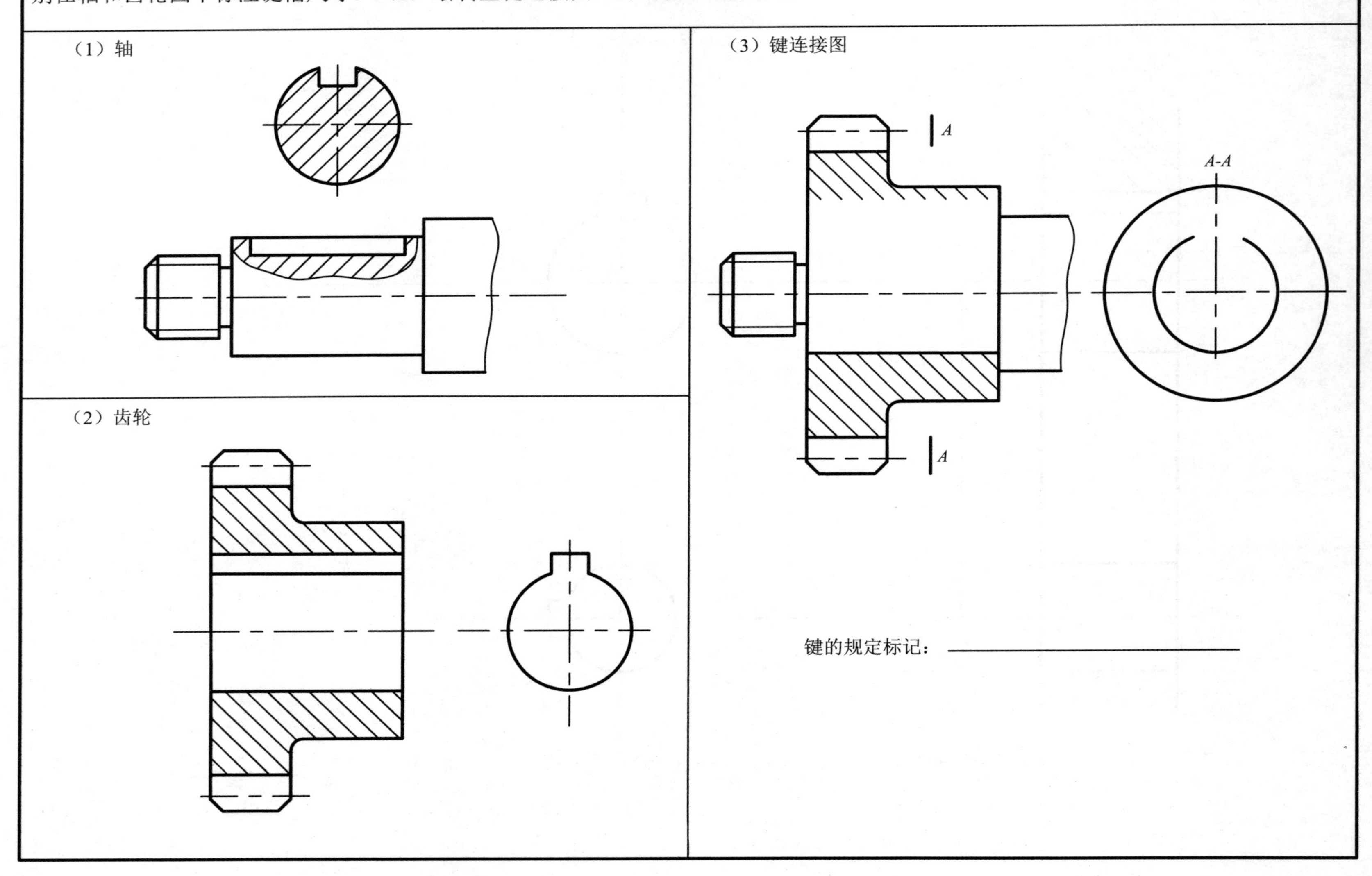

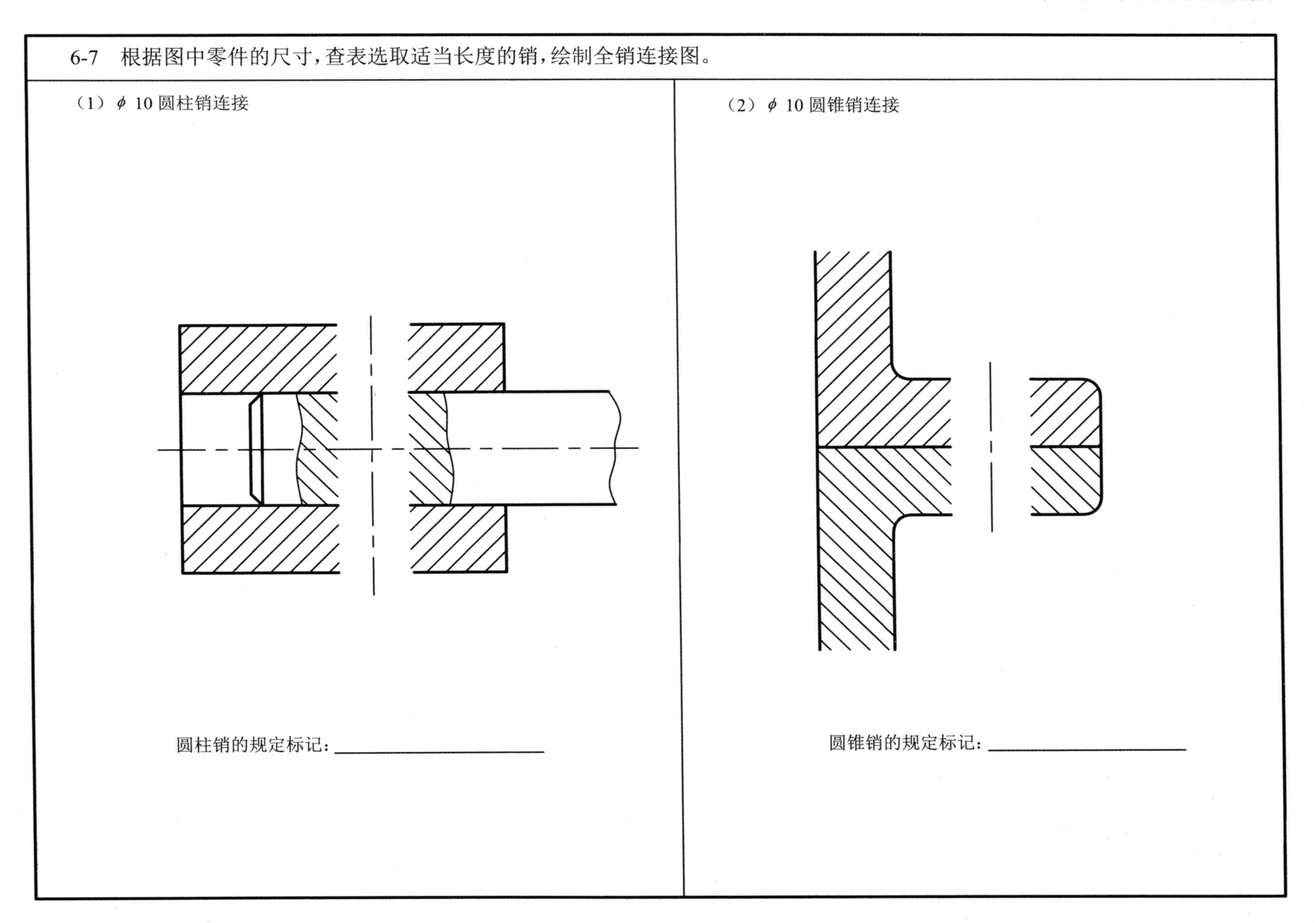
6-7　根据图中零件的尺寸，查表选取适当长度的销，绘制全销连接图。
（1）ϕ 10 圆柱销连接
（2）ϕ 10 圆锥销连接
圆柱销的规定标记：
圆锥销的规定标记：

班级　　姓名　　学号